RPA
几张图教你看懂RPA

AI & RPA：人工智能与机器人流程自动化的完美结合

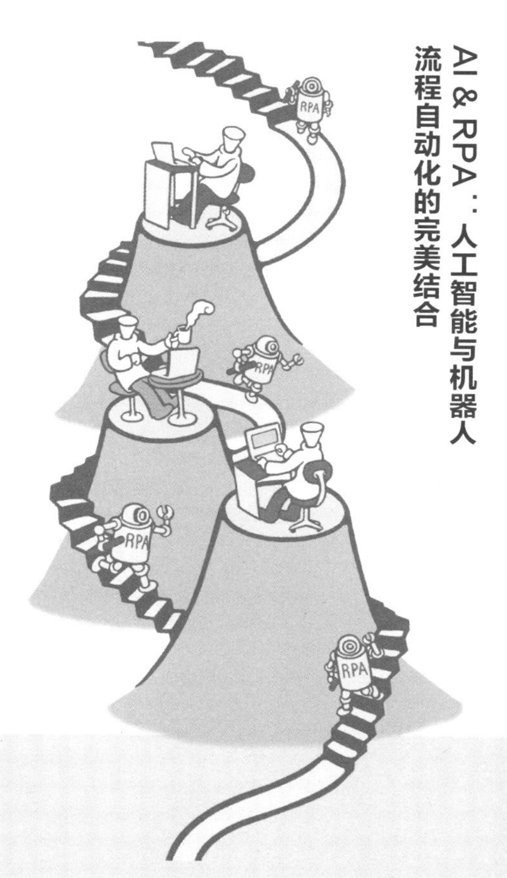

U0244631

[日] 西村泰洋 著
张丹 译

中国青年出版社 SE SHOEISHA

絵で見てわかる RPAの仕組み
(Edemite Wakaru RPA no Shikumi:5706-1)
Copyright © 2018 Yasuhiro Nishimura .
Original Japanese edition published by SHOEISHA Co.,Ltd.
Simplified Chinese Character translation rights arranged
with SHOEISHA Co.,Ltd. through CREEK & RIVER Co.,Ltd. and CREEK & RIVER SHANGHAI Co., Ltd.
Simplified Chinese Character translation copyright © 2020 by China Youth Press.

律师声明

北京市京师律师事务所代表中国青年出版社郑重声明：本书由日本翔泳社授权中国青年出版社独家出版发行。未经版权所有人和中国青年出版社书面许可，任何组织机构、个人不得以任何形式擅自复制、改编或传播本书全部或部分内容。凡有侵权行为，必须承担法律责任。中国青年出版社将配合版权执法机关大力打击盗印、盗版等任何形式的侵权行为。敬请广大读者协助举报，对经查实的侵权案件给予举报人重奖。

侵权举报电话

全国“扫黄打非”工作小组办公室
010-65233456 65212870
http: //www.shdf.gov.cn

中国青年出版社
010-59231565
E-mail: editor@cypmedia.com

版权登记号: 01-2019-7823

图书在版编目（CIP）数据

几张图教你看懂RPA：AI & RPA：人工智能与机器人流程自动化的完美结合 /（日）西村泰洋著；张丹译
. 一 北京：中国青年出版社，2020.7
ISBN 978-7-5153-5396-8

I.①几… II.①西… ②张… III.①智能机器人 IV.①TP242.6

中国版本图书馆CIP数据核字（2020）第140086号

几张图教你看懂RPA——AI & RPA:
人工智能与机器人流程自动化的完美结合

[日] 西村泰洋 / 著　张　丹 / 译

出版发行：中国青年出版社
地　　址：北京市东四十二条21号
邮政编码：100708
电　　话：（010）59231565
传　　真：（010）59231381
企　　划：北京中青雄狮数码传媒科技有限公司

策划编辑：张　鹏
责任编辑：张　军
封面设计：刘　颖
封面插图作者：[日]山下以登

印　　刷：北京瑞禾彩色印刷有限公司
开　　本：880 × 1230　1/32
印　　张：8
版　　次：2020年11月北京第1版
印　　次：2020年11月第1次印刷
书　　号：ISBN 978-7-5153-5396-8
定　　价：79.80元

本书如有印装质量等问题，请与本社联系
电话：（010）59231565
读者来信：reader@cypmedia.com
如有其他问题请访问我们的网站：www.cypmedia.com

序言

目前，人们对于在企业中引进RPA的关注度日益提高。但是，相关专业人才的不足也成为引进过程中的一个重要问题。

要成为RPA的专家，需要参与到引进该技术的相关活动中，也需要了解RPA软件，并了解一部分机器人系统是如何开发的。

本书将对RPA的引进形式、结构、程序到机器人开发、系统开发、引进流程、运行管理和安全以及相关互补技术进行介绍，全方面讲解RPA的“原理”。

当然，不需要样样精通，读者可以结合自己擅长的领域，参与到创新、机器人开发、支援引进RPA技术等活动中。

本书适用于从事信息系统相关工作的人员，也适用于对新技术应用、机器人开发和引进感兴趣的人，或者是有志成为RPA专家的人。

虽然本书中包含了一些技术层面的内容，但笔者在提高本书专业性方面做了很多努力。因此，即使您没有系统开发的经验，也可以从头开始了解RPA的工作原理。

RPA是连接多个系统间以及系统和人类之间的软件。今后，在ICT的发展过程中，RPA将会和区块链一起占据越来越重要的地位。

如果本书可以将RPA等新技术和读者“连系”在一起，笔者将深感欣慰。

作　者

目录 · CONTENTS

[第2章] RPA的发展趋势及效果

[第3章] RPA的产品知识 63

[第4章] 与RPA类似的技术 83

[第6章]机器人开发 137

[第9章] RPA的引进流程 219

[第10章]运行管理和安全 237

专栏 · COLUMN

第1章

RPA基础

1.1 RPA概述

现在，以提高工作效率和生产力为目的，而引进RPA的企业正在急速增加。

与RPA相关的媒体报道也越来越多，现在请大家跟随笔者一起来看看RPA是什么。

1.1.1 什么是RPA

RPA是Robotic Process Automation的简称。

RPA是一种软件，也可以说是对除自身以外的软件执行自动已定义处理的工具（图1.1）。

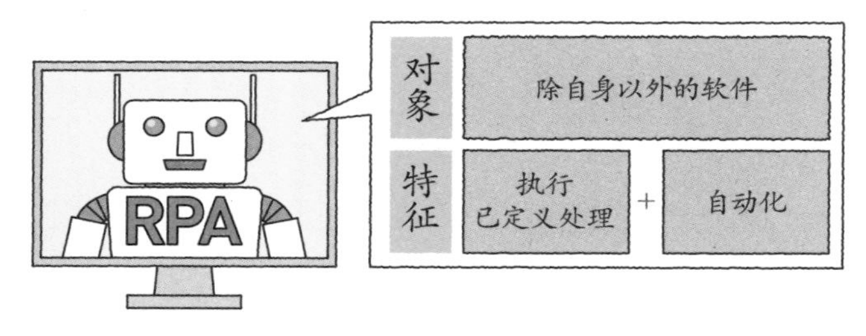

图1.1　RPA的图像

1.1.2 分开考虑处理和自动化

如果将上述对于RPA的定义进一步分为如下两点，则更容易理解。

①对除自身以外的软件执行已定义的处理。

- 对象软件可以是单个或多个；
- 由RPA执行文件开发人员进行定义。

②“自动=自己运行”执行已定义处理。

- RPA可以“自动”执行已定义的处理；
- 可以将“处理”比作机器人做出的“动作”。

1.1.3 从两个角度来看实际应用

下面我们通过一个常见的例子来看定义和自动化之间的关系。

举一个将显示在应用程序A屏幕上的数据复制到应用程序B的屏幕上的例子。请想象一下将输入到应用程序A中的一些客户数据项复制到应用程序B的操作（图1.2）。以除RPA以外的两个应用程序软件为对象进行处理。

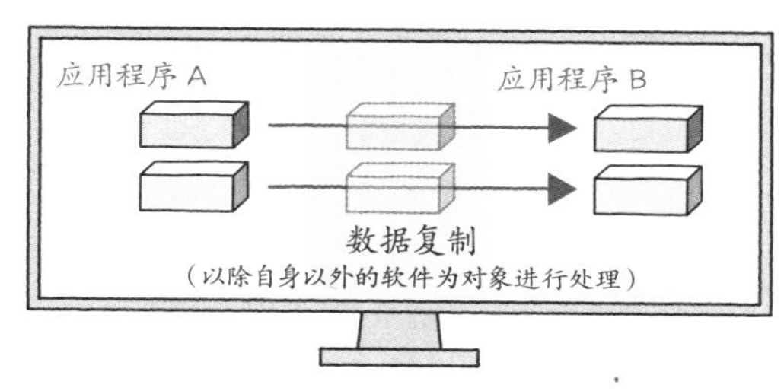

图1.2 应用程序之间的数据复制

进一步来看自动化处理的环节（图1.3）。

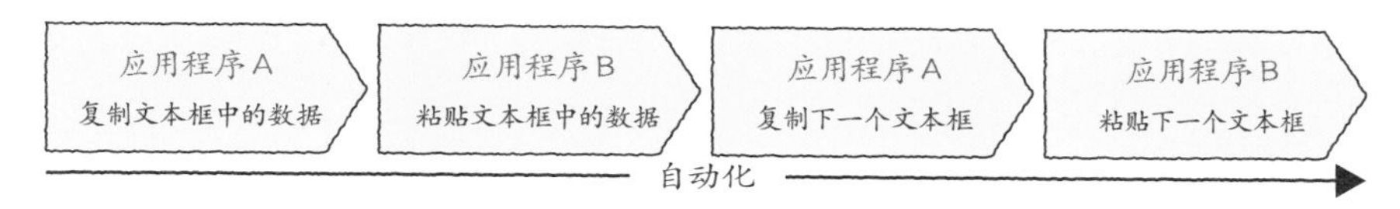

图1.3 自动处理

该过程在RPA中的定义如下：

- 复制应用程序 A文本框1的数据；
- 将数据粘贴到应用程序B的文本框1中；
- 复制应用程序A文本框2的数据；
- 将数据粘贴到应用程序B的文本框2中。

※如果在一定的规则下重复复制和粘贴，则循环定义。

由RPA自动执行上述一系列流程。

1.1.4 RPA是一种工具

在1.1.1小节中对RPA定义的描述的最后一个词是“工具”。

从像ERP软件包这样的大软件，到像OA工具这样的小软件，软件和系统的种类十分繁多。同样，RPA也有各种系统配置，有在单个电脑上使用的类型，也有在整个业务流程中的多个电脑和服务器上使用的类型。

RPA不是一个核心系统，它是一个从外部支持核心系统和其他业务系统的输入和输出等处理的工具。尽管它是一个工具，规模却有大有小大。

RPA发挥着连接OA工具、业务系统和核心系统的作用，如图1.4所示。

图1.4 RPA发挥着连接OA工具、业务系统和核心系统的作用

1.1.5 RPA并不难

到此为止，您应该已经对RPA有了一个大致的认识。

RPA实际上就是一个“自动执行已定义的处理”的易操作的软件或系统。

本书将以此定义为前提，进行进一步说明。

1.2 RPA不仅能降低成本

1.2.1 降低成本和资源转移

关于运用RPA的效果，报纸、杂志、书籍、电视等各类媒体已经做了很多相关报道，RPA一词也逐渐被大众知晓。

其中最主要的是，2017年9月以后日本经济新闻早报的报道，主要介绍某大型金融机构在引进RPA时的经营战略和相关举措。

据该报道称，该大型金融机构在率先引进AI和RPA的过程中，通过用RPA取代例行业务处理操作来降低劳动力成本，或将原来负责这些操作的人力资源转移到客户前台和新业务上。

1.2.2 用数字去思考

现在让笔者们通过一些具体的数据来说明RPA是如何降低成本的。

假设某职员只执行例行数据输入和对照，工作时间是8小时。

但是，实际上除了数据输入，还有其他工作，如整理和搬运文件、确认相关内容、洽谈等。因此，在数据输入或对照上所花费的时间实际为5~6小时。

假设包括各种津贴在内，公司支付给该职员的时薪是4000日元，而每天在数据输入或对照上所花费的时间为5小时，每月为20天，则月薪为40万日元，年薪为480万日元。

安装一套RPA软件以取代一台个人计算机一年的成本大约为100万日元（详见1.8节），这与480万日元相比大大降低了成本。虽然这只是一个例子，但是RPA确实会降低成本。

如果有很多主要从事数据输入和对照的职员，降低成本的效果将是空前的（图1.5）。

工作20天 × 12个月 = 480万日元

5小时
@¥4,000×5=¥20,000

年成本 例：100万日元

一年降低成本380万日元

图1.5　降低成本图示

1.2.3 提高生产力

这里，再次强调RPA是一个“自动执行已定义处理的工具”。

自动执行已定义处理还可以提高生产率。生产率的提高意味着生产量增加，而劳动量和工作时间保持不变。

在这里举一个例子说明，如果人工从Excel工作表中将五个字段（单元格）的数据复制并粘贴到业务系统中，则每项工作所需要用的具体时间如下。

- 复制Excel的单元格所需时间为1秒；
- 粘贴到业务系统所需时间为2秒；
- 将5项数据粘贴到业务系统后进行目视检查以及点击业务系统上的登录按钮所需时间为10秒。

5项数据的输入和确认总共需要花费25秒。但是如果每天持续数小时处理大量数据的话，是否还能保证这样的标准呢？

使用RPA后，因为省去了最后的目视检查，所以可以在短时间内执行这些处理。

不过，即使使用RPA，复制Excel单元格和粘贴到业务系统的时间仍然与熟练的人工操作相同。然而，因为省去了为保证精确、忠实地执行已定义处理的目视检查，将会节省大量的工作，生产效率肯定会得到提高（图1.6）。

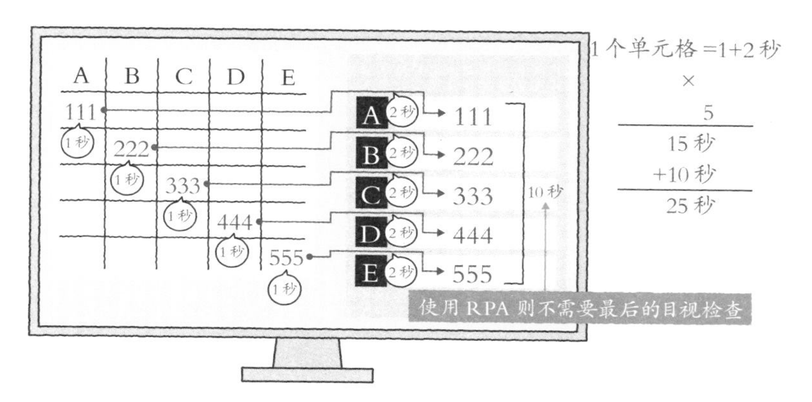

图1.6 提高生产效率的例子

1.2.4 作为机器人的优势

在人工操作的情况下，操作所需的时间可能会由于操作人员的疲劳或身体状况而改变。但是，软件的机器操作则不会出现这种变化。RPA是一个软件机器人，它会以一种恒定的速度默默地竭尽全力地去自动处理而不会感到疲倦。

当输入和校对的工作量很大或者所需较长时间时，RPA可以发挥出强大的作用。

1.2.5 实现工作标准化

下面以一个从开发人员的角度来看的例子，来理解如何实现工作标准化。如果想用RPA代替各种电脑操作：

假设替换100个操作，其实并不需要定义100个程序。因为，只要是类似的操作，则按照一个程序执行即可。

这样，最终可以将100个操作合并为40个程序。

通过有效定义程序，即使在构成一部分业务流程的领域，目前尚未处理的终端操作中，也可以实现标准化处理（图1.7）。

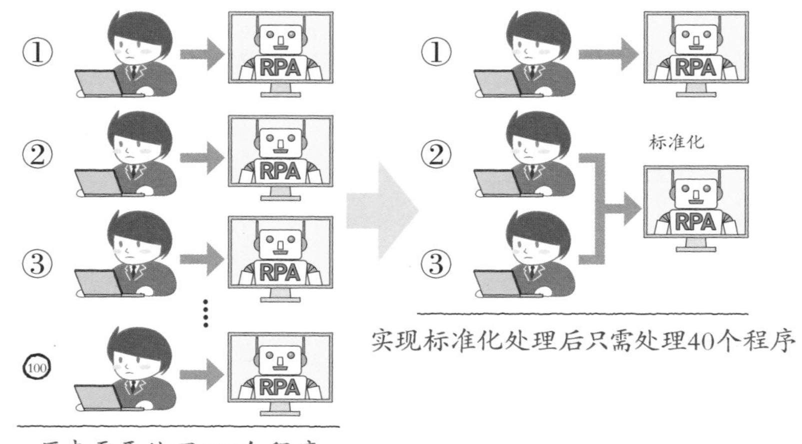

图1.7　实现标准化

◉ 必须实现“组件化”

除了标准化之外，在系统开发中还需要将一些共通的功能变成“组件”以便流通使用。在考虑引入RPA之前可能不会注意到这一点，但在开发RPA的过程中，可以理解这种“流通使用”和组件化的价值。

“组件化”在RPA开发中至关重要，关于这点之后还会进一步说明。

此外，我们也需要对RPA产品的每一个“部件”进行命名，实行“组件化”管理。

1.3 软件的物理配置

掌握RPA的定义之后，让我们来看一下RPA软件在物理上的构造。先从构造入手，有助于进一步地理解RPA。

1.3.1 软件集合体

RPA不是一个单独的软件，而是一个具有多重作用的软件集合体。包括执行机器人操作的文件在内，RPA主要由以下4个软件构成：

- **机器人文件**
- **执行环境**
- **开发环境**
- **管理工具**

让我们一起来更加详细地看一下每一个软件。

◉ 机器人文件

机器人文件是一个执行RPA机器人操作的文件，开发人员在开发环境中定义它的程序，使之能够自动运行。

◉ 执行环境

执行环境是用于运行机器人文件的程序，与机器人文件一起安装在希望进行机器人操作的终端上。

◉ 开发环境

正如第6章将详细说明的那样，开发环境指的是，为创建机器人文件各产品自身的开发环境。

开发环境的详细功能和名称因RPA各产品而异，但总体上具有类似的功能。

◉ 管理工具

启动和停止机器人文件操作、设定日志、操作顺序和确认进度等，都是通过管理工具来完成。

构成RPA的4个软件的作用，如图1.8所示。

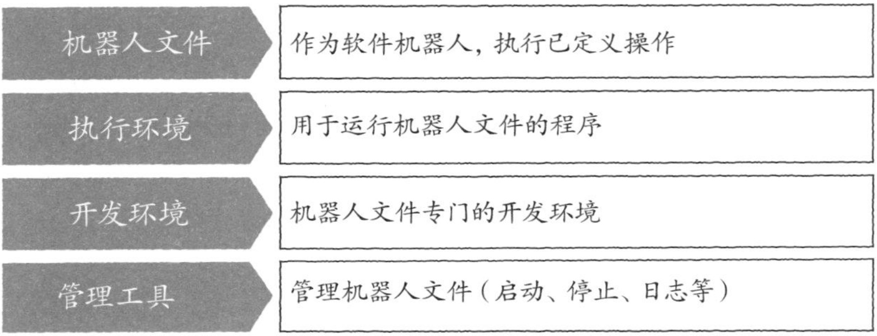

机器人文件	作为软件机器人，执行已定义操作
执行环境	用于运行机器人文件的程序
开发环境	机器人文件专门的开发环境
管理工具	管理机器人文件（启动、停止、日志等）

图1.8　构成RPA的4个软件

1.3.2 因产品而异

高性能产品里带有图1.8中所有的四个软件，但有些产品还带有其他软件。此外，一些小型产品中没有管理工具这个软件。

不过，我们可以很容易地用这四个软件对每个产品进行比较。

1.4 RPA的系统结构

1.4.1 两种系统结构

RPA主要有两个系统结构。

一种是安装在一台单独计算机上的系统结构。另一种是通过服务器集中管理，形成一个工作小组的系统结构。

接下来分别看一下每一种结构。

1.4.2 单台计算机上的系统结构

安装在一台单独计算机上的结构系统如图1.9所示，即在一台单独的计算机上安装和运行机器人文件和执行环境。

图1.9　单台计算机的系统化

无论是一台计算机还是多台计算机，每个机器人文件都是独立运行的。此外，还需要构建开发环境并创建机器人文件。

1.4.3 服务器集中管理的系统结构

服务器集中管理的系统结构在服务器或客户端上都可以使用，进一步可分为集中管理和服务器 · 客户端这两种形式。

◉ 集中管理

在集中管理配置中，管理工具和多个机器人文件部署在服务器上，然后从每台电脑调用并执行服务器上的机器人文件（图1.10）。

当每台电脑需要使用机器人文件时，从服务器获取机器人文件和执行环境并执行。也就是瘦客户端与服务器之间的关系。

通过上述方式可以实现集中管理。当然，也需要开发环境。

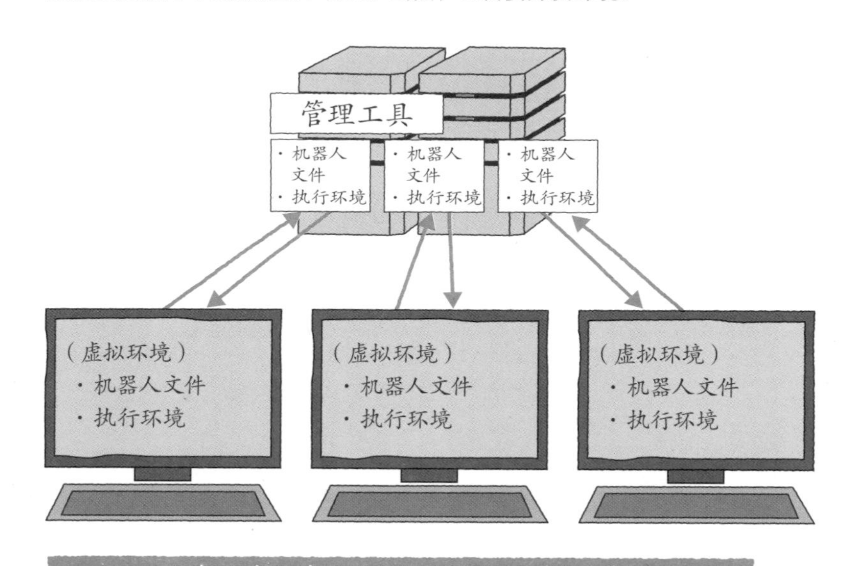

图1.10　服务器集中管理

◉ 服务器·客户端

服务器·客户端是在服务器上安装管理工具，是在每台计算机上安装机器人文件和执行环境的一种结构（图1.11）。

在需要机器人操作的计算机上安装机器人文件和执行环境，在服务器上安装管理工具。

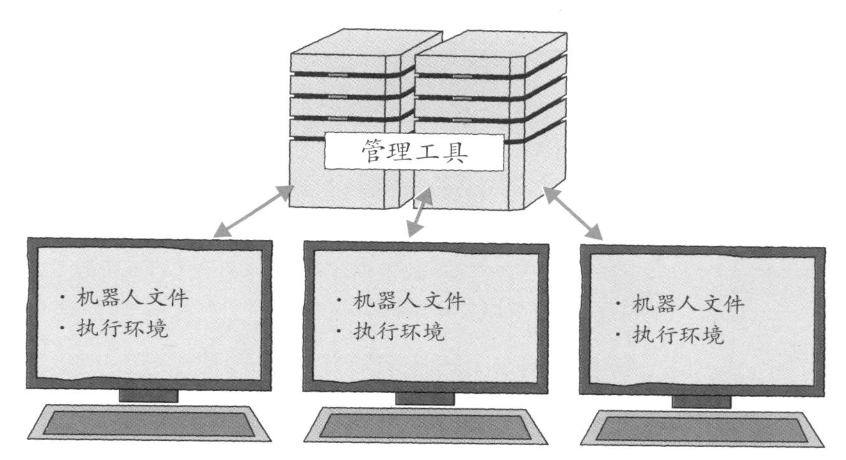

图1.11 服务器·客户端

集中管理和服务器·客户端这两种形式在功能上没有很大差异，但集中管理在管理上更有优势，比如便于运行管理和应用安全防护措施等。

近年来，有越来越多的企业或单位引进瘦客户端。因此，将来一定会有更多的服务器安装虚拟环境的机器人。

1.5 RPA应用

1.5.1 RPA的使用场景

RPA的使用场景具体包括数据的输入/修改、核对、输出和应用程序的运行（表1.1）。所有这些操作都是机器操作和常规操作，而不是由操作人员去思考、操作和执行的。

对于需要处理大量数据和事务的工作，其中需要处理相同事务的操作人员越多，效果就会越好。

表1.1 RPA的使用场景

操 作	概 述	示 例
数据输入/修改	• 参照其他系统或应用程序的数据，将数据输入该系统 • 单独或同时修改、更新已经输入的数据	• 将Excel工作表上的数据复制并粘贴到业务系统中 • 修改逻辑清晰的数据
数据核对	将已输入的数据与其他数据进行比较并检查	检查之前的数据和待输入的数据是否一致
数据输出	同上，利用其他系统输出数据、发布打印指令等	从业务系统导出数据并创建文件，将该文件添加到邮件附件中并发送
运行应用程序	如同人工操作那样，通过单击系统上的按钮来运行应用程序	单击系统屏幕上的命令按钮执行该处理

※除了上述以外，还有各种各样的使用场景

1.5.2 数据输入示例

RPA可用于各种数据输入的情况。

例如，复制Excel工作表特定单元格中的值，并按顺序将其粘贴到业务系统的特定位置中。图1.12显示的是将左边的Excel单元格复制到右边业务系统中的情况。

图1.12的左边虽然是Excel表格，但是可以把它想象成从一个业务系统复制到另一个业务系统的情况。

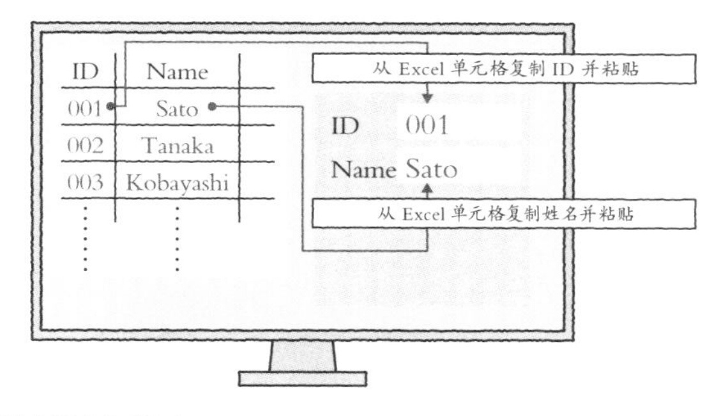

图1.12　复制Excel数据到业务系统中

1.5.3 数据核对

与图1.12所标示的方向相反，RPA可以通过比对其他系统中的数据或输入源Excel表格中的数据，来确认输入到业务系统中的数据是否是正确（图1.13）。如果数值一致，则表示输入正确。

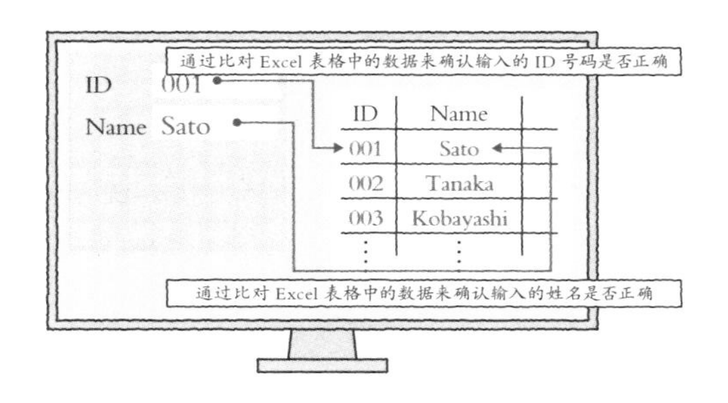

图1.13　数据核对

肉眼核查时，可能无法准确检查到符号和文字中的错误。但是，使用RPA软件的话，就不会出现这样的问题。当然，在设计程序时，需要准确描述检查符号和文字的方法和定义。

在下一节，将介绍一些数据输入和数据核对的典型例子。此外，在实际应用中也有利用RPA将数据输入进ERP系统等使用情况。

1.6 使用场景

RPA的使用场景包括将周边业务系统RPA化、将各业务系统之间的操作RPA化和将未系统化的工作RPA化等。

1.6.1 将周边业务系统RPA化

RPA还可以辅助使用OA工具将数据输入到业务系统中，图1.14是使用OA工具完善和高效输入数据的情况。

图1.14 将周边业务系统RPA化

1.6.2 将各业务系统之间的操作RPA化

在多个业务系统和主要系统之间，操作人员使用OA工具等将数据输入等工作RPA化（图1.15）。在这种情况下，操作人员可以同时使用多个系统和应用程序。

图1.15　将各业务系统之间的操作RPA化

1.6.3 将未系统化的工作RPA化

多年来，很多企业已经在以OA工具的手动操作为中心、尚未形成业务系统的领域中引进了RPA。但是，目前还存在一些特定的困难。

例如，为个别客户创建订单等很多强调“个性化”的业务，而且很难将其设计为一个应用程序，因为这些日常操作不是按照一定顺序执行的。由于诸如此类的原因，这样的业务已被Excel、Word等替代。

到此，已经说明了在周边业务系统、各业务系统之间的操作以及未系统化的工作中引进RPA的三种情况。

无论是哪种情况，可以说这些都是需要提高效率的最后一个领域。从大的意义上来说，企业或单位的工作几乎已经形成了一个系统，这也意味着在这个领域中只剩下提高效率这一难题。

1.7 有序地引进RPA

企业或单位需要按照一定顺序开展RPA的引进工作。首先从公司内部一些不会对客户产生影响的简单业务开始，然后延伸至公司内部的日常工作，之后再拓宽到面向客户的业务上。

1.7.1 公司内部的简单业务

使用RPA时，首先从部门和组织内比较简单的业务开始，如信息共享和一些后勤事务（图1.16），然后再展开到面向客户的业务上。

图1.16　信息共享和后勤事务处理

1.7.2 日常业务

接下来，在公司的日常业务中引进RPA，例如数据输入、核对以及文件、文档的管理等与销售业绩没有直接关系的内部业务。

在这里，可以进一步划分为公司内部系统和与外部连接的系统这两个部分。

1.7.3 面向客户的业务

在与客户交易的流程中引进RPA时，因为涉及订单和销售等与资金、合同等相关的内容，所以需要保证一定的可靠性。

目前介绍引进RPA的顺序如图1.17所示。这里只提供一个基本流程，并非所有企业或单位都会按此顺序开展引进工作。

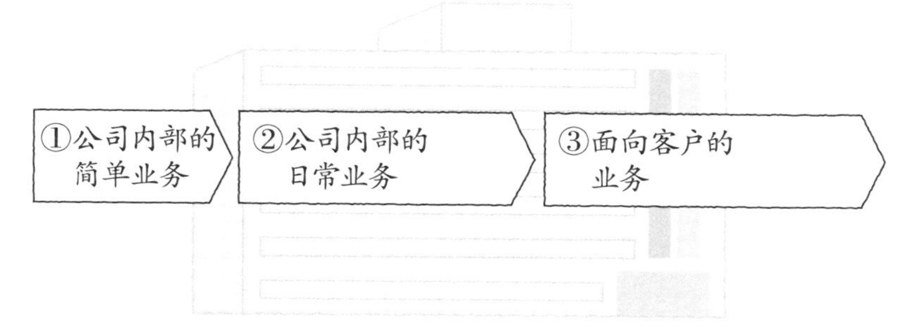

图1.17　RPA开展的顺序

1.8 RPA的引进成本

企业在引进RPA时，根据使用要求和目的的不同，引进成本可达数百万日元。

1.8.1 可以以相对较低的成本引入

引入RPA需要多少成本？让我们来看看一个小的基本案例。此处列出的金额是过高估计的，仅供参考。

如果要用RPA取代一名操作人员，一年大约需要花费100万日元。如果在一个小组中引入RPA，一年大约需要花费几百万日元。

RPA软件的定价基本上以年为单位。未来，随着产品和服务的多样化以及RPA产品的竞争日趋激烈，整体的成本将逐渐降低。

◉ 取代部分员工的工作（无管理工具）

假设在3台单独的计算机上安装RPA，以取代三名负责数据输入和核对等工作的操作人员（图1.18）。

在这种情况下，需要一个开发环境以及三个机器人文件。假设1套开发环境、执行环境和机器人文件是100万日元，两套执行环境和机器人文件是50万日元，则需要200万到300万日元的预算。

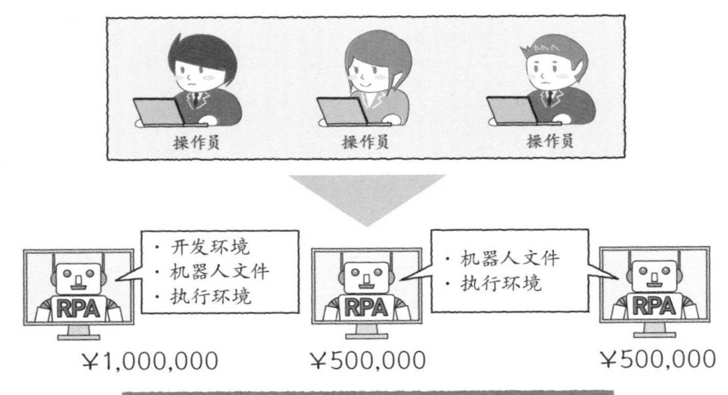

图1.18　取代3名操作员（无管理工具）

◉ 取代部分员工的工作（有管理工具）

再举一个例子，假设人数也是3个，正如管理者管理3个员工一样，管理工具集中管理三台机器人（图1.19）。

如果在开发环境和执行环境以及服务器上增设管理工具，则预估成本为400万到500万日元。

图1.19　取代3名操作人员（有管理工具）

1.8.2 如果能内部制作

以上两个例子都是内部制作的案例。如果不是内部制作，而是依靠产品供应商或SI供应商进行开发，或针对当前的业务流程和引进RPA之后的新业务流程的设计和全面引进，需要接受专业咨询等，这些情况下的成本将不止几百万日元。

下面列举一些可能会涉及的外部合作伙伴。

- **计划制定支持……………………………顾问**
- **引进支持…………………………………顾问**
- **机器人设计和开发…………产品供应商、SI供应商**
- **整个系统的设计和开发…………………SI供应商**

即使是一些规模较小的业务，也可能会涉及上述的外部合作伙伴。

当然，并非会与上述所有公司合作。独自开展引进工作的公司也确实有所增加。有些企业还通过开设课程和开展实践活动培训没有系统开发经验的员工。

可能有些人想知道为什么需要顾问或供应商。目前，各企业的引进趋势是在完成PoC（Proof of Concept概念证明）之后，先从一个部门开始，再到多个部门，最后到整个公司。出于这个原因，有些已经开展引进工作的企业会在今后工作的规划上与外部合作伙伴进行合作。关于全公司的引进工作或者大规模引进工作，将在第7章进行详细说明。

1.9 RPA是提高效率的最后手段

目前，已经形成了一系列用信息通信技术提高工作效率的措施，我们可以将它们称为“传统措施”。

例如，可以外包的业务就外包给外部公司，可以在外办公就无须坐班，最后剩下的内部业务就通过RPA和AI来提高效率。

1.9.1 BPO

BPO（商务流程外包）是指将本方商务流程中的部分业务外包给外部专业公司。BPO典型业务有客服中心和人事总务相关的业务，此外，与拥有先进的系统、设备以及人才的专业外包公司相关的业务都会全部交由他们去做。

尤其是随着20世纪90年代CRM系统的出现以及21世纪IP电话服务的推出，客服中心的BPO市场也在不断扩大。

虽然各公司客服中心的咨询内容不同，但接听客户拨打过来的电话并给予回复的流程是相同的。因此如果整理好回复的内容，就可以通过外包等手段提高效率（图1.20）。

图1.20　每个客服中心以相同的方式接听和回复呼叫

1.9.2 移动设备

随着手机和网络的发展和普及，移动设备也在创新工作手段和提高工作效率上发挥了重要作用。自1999年开始使用i-mode以来，用手机也可以处理简单的任务。

在此之前，各企业在外部需要使用比较笨重的可携带式专用机器，回到公司后再上传和下载数据。随着i-mode的出现，即使不在公司也可以实时处理数据。

此外，2008年以后iPhone和Android手机的市场也在不断扩大。随着2010年以来iPad和Android平板电脑的推出，这一趋势更加明显。与此同时，网络基础设施也在进一步发展。

随着移动终端机的发展和解决方案的创新，在公司外部或出差地也可远程实时处理之前只能回公司才能处理的业务，这大大提高了工作效率。

1.9.3 云

除了以上介绍的BPO和支持远程实时处理业务的移动设备，还有一种将数据本身储存在外部的高效措施，那就是云计算（以下简称“云”）。

“云”是2006年由Google首席执行官Eric Schmidt第一个提出来的。

即通过有效使用外部系统处理通用业务和数据，以提高工作效率。

1.9.4 软件包

最后，软件包也是提高工作效率的一个手段。一般来说，使用软件包以提高工作效率是从20世纪80年代后期开始的。这也是如今最常用的手段。

常见的有20世纪90年代出现的ERP软件包（企业资源计划）。

ERP软件包可以实时处理会计、总务、生产和销售等核心数据，很多企业通过使用ERP软件包，实现业务标准化，大大提高了时效性和工作效率。

1.9.5 最后一个区域

在为提高效率而引入信息通信技术的各企业中，RPA可以提高最后一个领域——内部业务上的效率（图1.21）。

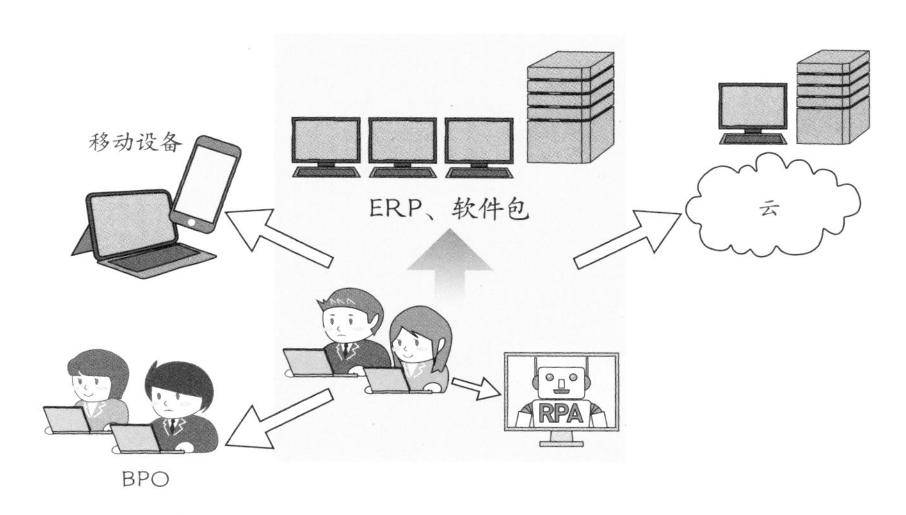

图1.21 RPA在提高内部业务效率方面的应用

专栏 · COLUMN

关于RPA的解释也在变化

为了让更多人了解RPA，也为了促进其在企业或单位中发挥更大的作用，笔者写了很多关于RPA的文章和书籍，对RPA作了如下几点说明。

●到目前为止的定义

RPA被定义为“提高软件机器人工作效率的工具”。软件机器人可以识别终端上的应用程序和业务系统，并与人工操作一样执行处理。

●软件机器人代替人类部分工作

现在人们都是用计算机工作，一些机械的、常规的数据输入和整理可以用机器人代替，实现自动化操作。此外，还可以通过将机器人程序制作成软件安装到个人计算机中。这样，人类所做的部分工作就可以由软件机器人来代替（图1.22）。

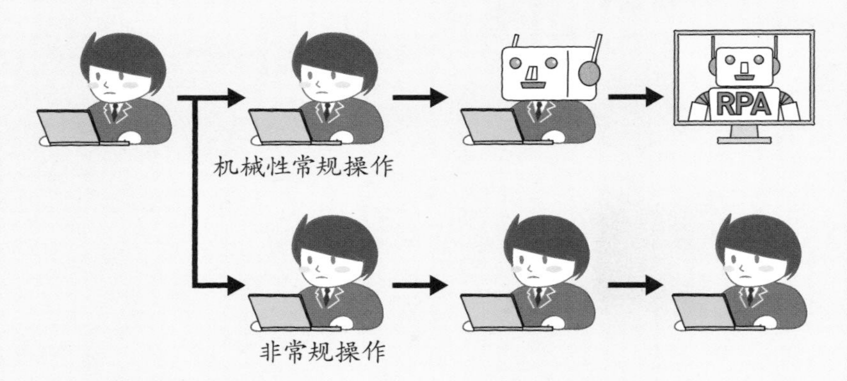

图1.22　将机器人程序制作成软件

RPA在企业等的实际应用以执行机械性常规操作居多，以上是按照实际情况进行的说明。

●本书的定义

以上定义不同于基于1.1小节中描述的软件特征进行的说明。

本书从一个全新的定义出发，如果有读者熟悉软件和信息系统，新定义会更加清晰明了。

第2章

RPA的发展趋势及效果

2.1 RPA的发展趋势

2.1.1 RPA的市场规模

据各研究机构和咨询公司称，到2020年RPA的市场规模将超过1万亿日元。

一些大型企业为全面引进RPA，其预算为数十亿日元。如果各行业顶级公司的预算为数十亿日元，那么RPA的总体市场规模将会轻易超过1万亿日元。

此外，还有一些中小型企业也在使用RPA。日本东京证券交易所市场第一部（东证一部）上市企业大约有2 000家，如果全行业都开始引进RPA，这将是一个相当大的市场规模。

东证一部的每家上市企业在引进RPA时的投资额至少需要10亿日元，总计也将达2万亿日元（图2.1）。

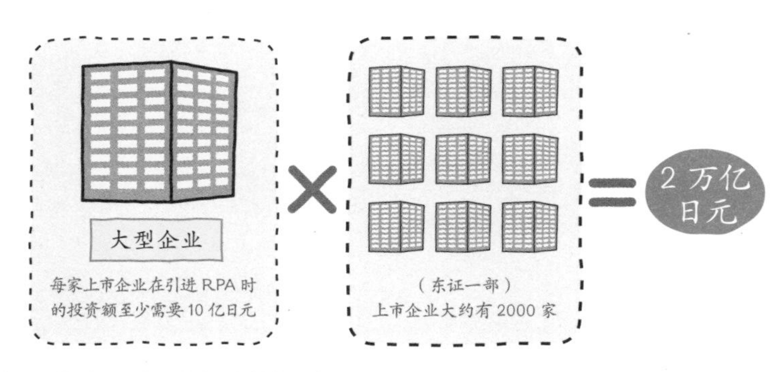

图2.1　市场规模：东证一部上市企业的简单乘法示例

2.1.2 市场和行业动向

金融机构在向日本市场引进RPA方面发挥了领头羊的作用。尤其是一些大型金融机构拥有大量客户和庞大的交易，日常处理的业务虽然已经高度系统化，但是工作量非常大。

近年来，在金融科技的潮流下，金融机构在率先利用人工智能、大数据、区块链等各种高新科技的同时，也在对RPA进行了早期研究，既提高了工作效率和业绩，也致力于开发新型业务和服务。

在引进RPA方面，金融机构一直处于领先地位。随后，一些大型制造业和服务业也开始引进RPA，今后也将会在一些机关单位引进（图2.2）。

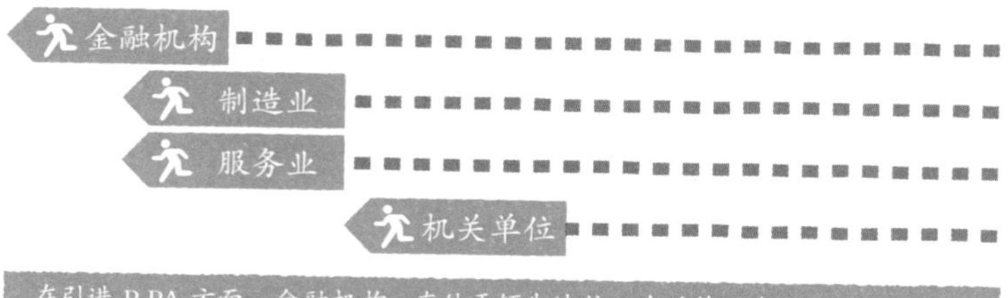

图2.2 RPA的引进情况

2.1.3 全公司动向

在研究RPA在全行业的动向时，很多人都会把目光投向企业和集团上。如何判断自己所属的公司或集团在引进RPA方面是走在前列还是落后呢？具体而言，分为以下四个阶段。

①在全公司引进；

②在部门内引进；

③正在进行PoC（概念证明）；

④正在考虑引进。

目前，一些大型银行和保险公司等金融机构正在阶段①全方位引进RPA。这些属于领先集团。

此外，很多公司也开始阶段②在一些部门内引进RPA，或阶段③正在进行PoC（概念证明）或阶段④正在考虑当中。

PoC是Proof of Concept的缩写，意思是概念证明，以前被称为实证实验。

总体来看，目前处于阶段③或④的企业最多。

今后，正在实施PoC和正在考虑的企业也将进入全方位引进或部门内引进的阶段。

2.1.4 社会需求

引进RPA不仅可以解决个别企业或集团的问题，而且也有助于解决长期以来存在的“劳动力不足”“劳动力成本增加”和“改革工作方式”等问题（图2.3）。

具体而言，有以下三个问题：一是由于出生率下降和人口老龄化导致的劳动力不足；二是劳动力不足造成的劳动力成本上升，这在物流业也成为一大难题；三是改革工作方式。

近年来，尤其是工作方式改革备受关注。

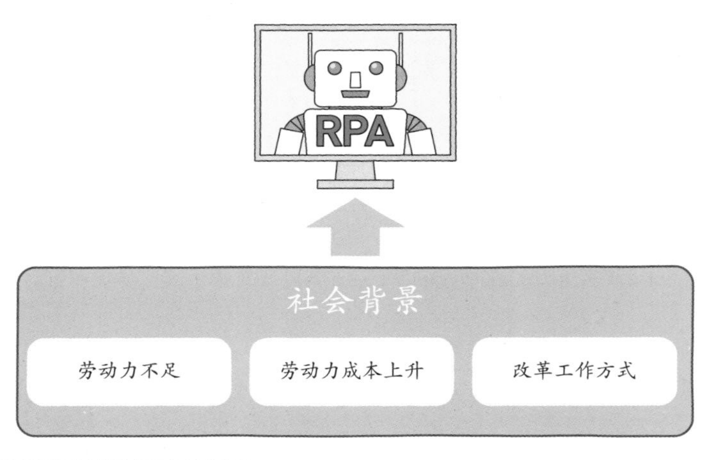

图2.3 期待通过RPA能够解决的社会问题

2.1.5 工作方式改革

RPA可以替代人类进行机械性常规操作，大大降低了劳动力成本。此外，在减少一些简单操作后，节约下来的工作时间可以用于创造性工作上，实现了多种工作方式的转变。

RPA有可以解决社会问题和满足社会需求的优势。但是，人们对于RPA期待过高，认为只要使用RPA，就能轻而易举地获得很大成效。这远远超过了RPA自身的能力范围。

2.2 RPA可以解决劳动力不足的问题

2.2.1 直接解决

RPA为解决劳动力不足的问题提供了具体方案，包括直接方案和间接方案。

如1.5节中所述，如果劳动力不足的问题是由数据输入、修改、核对等工作引起的，那么通过使用RPA，可以释放这部分工作的劳动力（图2.4）。

一个人的工资包括社会保险费用在内，每月至少为数十万日元。而如果用RPA取代一个操作员的话，一年的费用约为100万日元。也就是说最初的引进成本只要一个人两到三个月的工资。

图2.4　直接解决：使用RPA取代人工操作

如果是可以用RPA直接解决的劳动力不足问题，则不需要发布招聘广告，直接引入RPA即可。正如指导新员工工作一样，需要对RPA进行定义并让其执行具体操作。

2.2.2 间接解决

与前面的例子不同，间接解决指的是，将负责数据输入和核对的A调动到人手缺乏的部门，并用RPA代替A处理他之前负责的工作，从而解决劳动力不足的问题（图2.5）。

作为企业或单位内资源转移的一个环节，人们会将当前的工作交给RPA以便将人力资源转移到其他工作。但是，人们还未能想到可以灵活运用RPA以解决突发性劳动力短缺问题。

因此，我们需要有这样的心理准备。

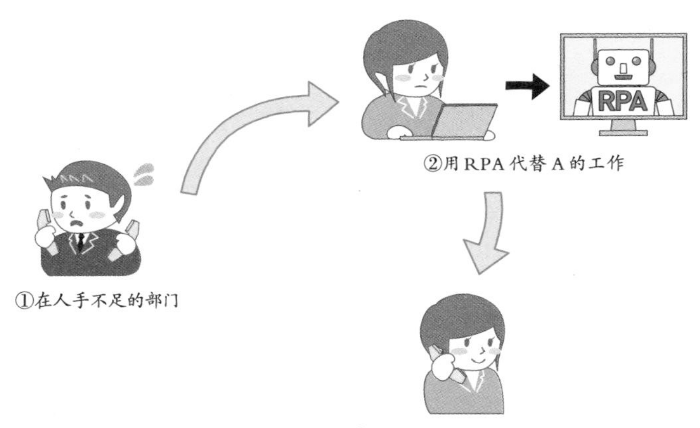

图2.5　间接解决：用RPA代替A的工作，将A调动到人手缺乏的部门

2.3 到2020年“7%的工作将会消失”

2.3.1 经合组织的预测

日本经济新闻经常发表与RPA有关的文章。2018年3月11日上午，该报刊登了一篇以“7%的工作将会消失”为标题的关于RPA和日本劳动力市场的文章。

该文指出，据经济合作与发展组织（OECD）预测，到2020年，随着自动化生产的发展，日本将有7%的劳动力失业，22%的工作内容将发生显著变化（图2.6）。

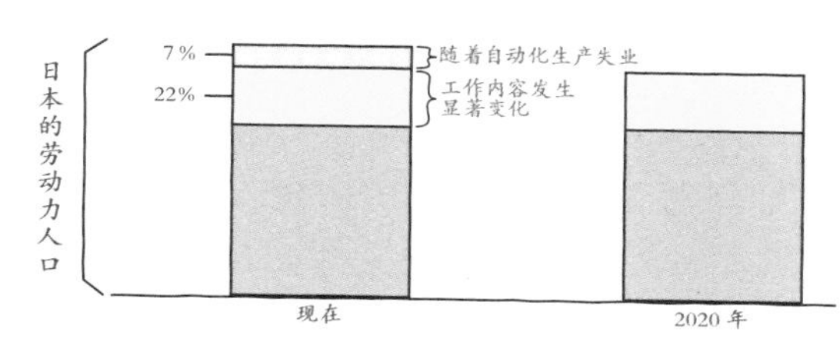

图2.6 现在和2020年的劳动力人口

此外，据日本生产性本部称，日本的劳动生产率<日本的增加值（国内生产总值）/劳动者数量>在35个经合组织成员国中排名第21位。与世界其他国家相比，日本在提高生产力方面还有很大的上升空间。

2.3.2 人才再分配

据日本生产性本部称，由于目前所有行业都存在劳动力不足的问题，因机器生产导致失业的情况尚未浮出水面。但当经济衰退、就业情况恶化时，招聘岗位往往集中在那些附加值高的工作。

2018年1月，日本一般文职的劳动力过剩，劳动力市场需求人数与求职人数之间的比率为0.41（包括兼职在内），开发工程师的比率为2.38，信息处理和通信工程师为2.63。日本生产性本部还指出，人力资源应该放在劳动力市场需求人数与求职人数比率高的岗位上，诸如开发工程师、信息处理和通信工程师这样的职位（图2.7）。

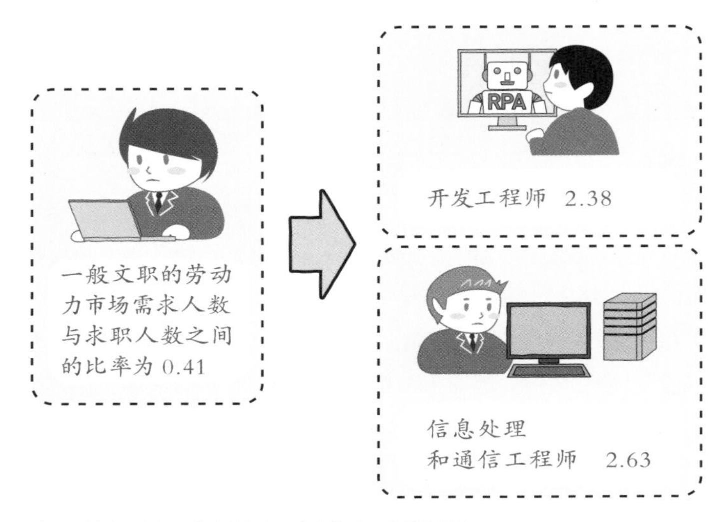

图2.7 人力资源向劳动力市场需求人数与求职人数比率高的岗位转移

RPA、AI等技术在重新分配人力资源、提高劳动生产率和国际竞争力上都是至关重要的。

在日本，无论是商界，还是工业，或是个别企业、单位等，以上这些情况都是类似的。

2.4 企业引进RPA的目的

根据前面提到的劳动力市场需求人数与求职人数的比率，我们可以看出整个就业市场趋于向高附加值岗位转移。

以下列举了各企业引进RPA的目的。

2.4.1 RPA的引进战略

RPA引进战略大致分为表2.1中的四种。

表2.1 四种战略

引进战略	概述
人力资源转移	将人才从已经实现高效运转的业务转移到与客户接触的业务上
增加销售额	通过缩短处理业务的时间和流程来增加业务量，从而增加销售额
降低成本	通过实现业务的自动化处理和提高效率，减少从事该类业务的员工人数
全球标准化	通过引进RPA，将各业务连接起来。即使是跨国公司也可以统一业务标准

基于各企业的情况，在上述战略中最常见的是人力资源转移。

2.4.2 RPA引进战略示例

2017年11月15日据日本经济新闻早报报道，瑞穗金融集团、三菱UFJ金融集团和三井住友金融集团通过引进RPA，减少了几千人的工作量，原本负责这些工作的人才纷纷被转移到其他业务上。除此以外，高薪阶层理财顾问业务的人力资源转移也是一个典型例子。

2.3节介绍了人才从文职岗位向开发工程师和信息处理 · 通信工程师方向转变的例子，此外也有从文职人员转变为业务顾问的情况。

2017年12月29日据日本经济新闻早报称，大型人寿保险公司和意外伤害保险公司正在利用AI和RPA技术整改业务。保险界各大公司纷纷制定战略，通过AI和RPA大大减少人工工作量，并将原本负责这些工作的人才转移到新型业务上。由此可以看出，人力资源从一般业务转移到新型业务的趋势。尽管转移的领域因各行业而异，但利用RPA来减少工作量是共通的。

据经合组织预测，2020年7%的工作将会消失。如果以上这些措施在所有行业中都能取得进展，减少的工作将远远超过7%。

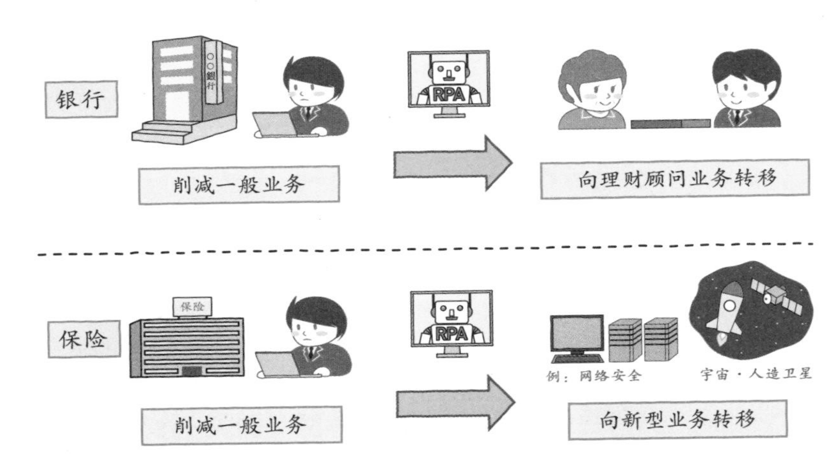

图2.8　银行业向理财顾问业务转移，保险业向新型业务转移

◉ 不只是人力资源转移

除了人力资源转移，有些企业引进RPA是为了通过增加处理量来提高销售额，或者通过减少劳动力来降低成本以及统一业务标准。

无论是哪种引进战略，都是为了通过执行已定义程序来实现自动化办公。

2.5 引进RPA后提高效率的企业或单位

2.5.1 处理后勤业务

在业务处理量大且需要频繁进行数据输入等机械性常规计算机操作的部门，引进RPA可以大大提高工作效率和业绩。例如，将文件中的数据输入到计算机等数据输入以及核对等后勤业务（图2.9）。在直接为客户提供服务且需要进行大量数据输入工作的部门，生产效率会得到显著提高。

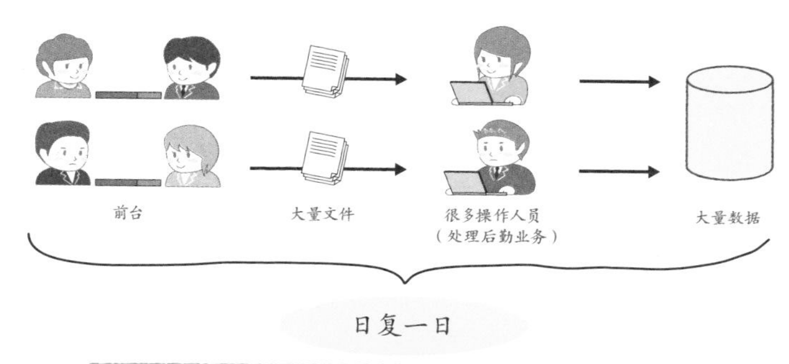

图2.9 引进RPA可以提高后勤业务的效率

显著提高效率的企业或单位主要有以下几点共通之处：

- 机械性常规系统操作；
- 大量数据；
- 操作人员很多；
- 每天都是重复相同的情况；
- 面向客户的工作很多。

如果满足上述条件，由于从事数据输入和核对的人数相当庞大，因此投资RPA是非常值得的。

2.5.2 住房贷款业务示例

住房贷款等个人贷款是金融机构的主要业务之一。一般而言，按照初步申请、初步审查、正式申请、正式审查、签订贷款合同的流程进行。

现在，从初步申请到获得贷款大约需要一个月的时间。如果贷款时间过长，客户可能会前往另一家金融机构。而且如果能缩短贷款期限，可以签订更多合同。因此金融机构正在努力缩短贷款办理时间。

在初步审查中，客户提供职业、年龄、财产等基本信息以供审查。通过初步审查之后，进入正式申请和正式审查阶段。

有过贷款经验的人应该有所了解，在正式申请阶段，除申请表之外还需要提供房地产抵押的相关文件、团体信用人寿保险申请书、利率确认书等大量文件。此外，还需要提交房地产买卖合同和房地产登记事项证明书复印件等各种房地产相关资料，以及预扣税款票据、印章证书等文件。

这些文件的每个类别都有各自对应的多个系统，都需要进行数据的输入、核对、移动和共享。

以下是使用RPA的示例：

- 输入数据；
- 核对；
- 将数据移到其他系统；
- 与其他系统的数据进行对比。

住房贷款业务和系统中RPA的运用如图2.10所示。引进OCR后可以尽快实现数字化，这对引进RPA十分有利。

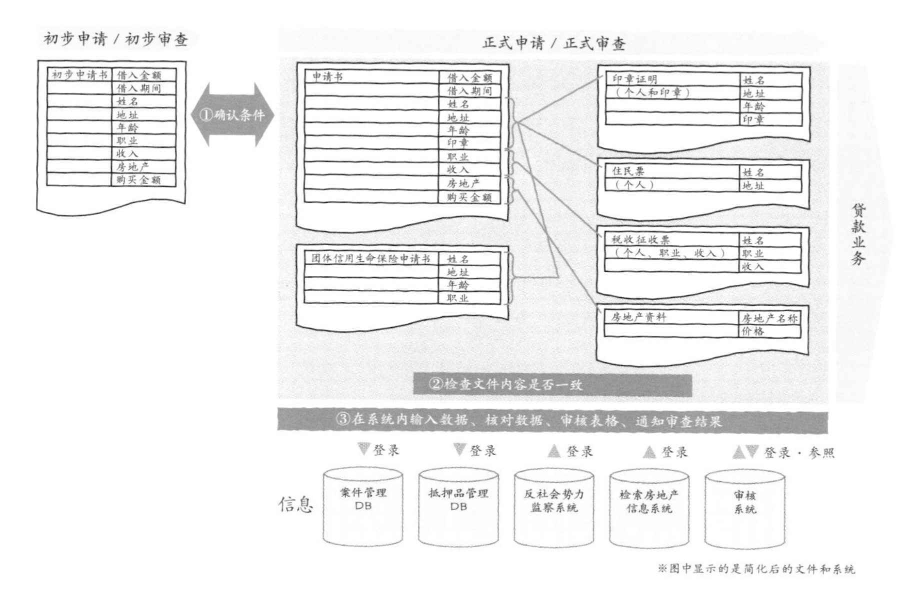

图2.10　住房贷款业务和系统的现状

在初步审查中，基本信息的审查通过之后将会进入正式审查阶段。

在正式审查中，业务进入管理阶段，如保管重要文件、反社会力量风险调查、对房地产进行再次确认以及整合各审查项目等多个系统操作会同时进行（图2.11）。

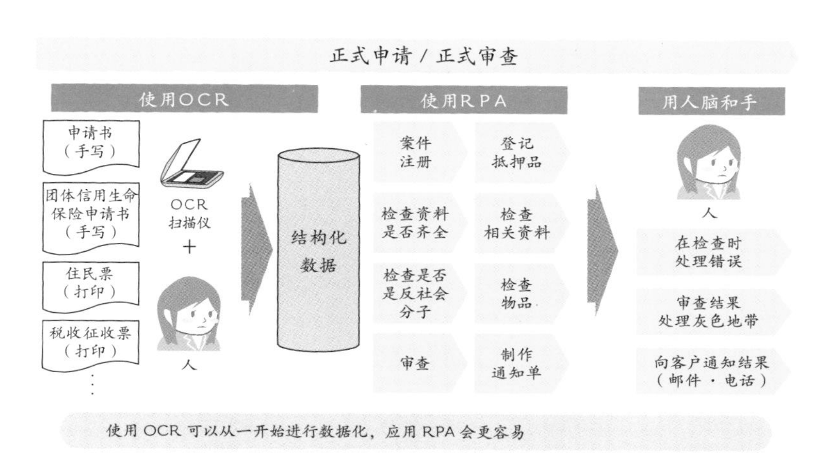

图2.11　住房贷款审查业务RPA化

在图2.11中，人工操作衔接着各类数据和各个系统。

如果使用OCR和RPA，效率将得到显著提高。首先利用OCR将各种文件数字化，并创建结构化数据。然后使用RPA自动将结构化数据输入到每个系统中并进行校对，以取代人工负责的衔接工作。由此，人工执行的操作只剩下处理一部分失误和灰色区域等工作。

2.5.3 住房贷款所占比重

以下是住房贷款业务和系统的例子，仅供参考。

如果住房贷款业务仅仅是某企业众多服务中的一项业务，即使在住房贷款业务中使用RPA，也很能难提高企业的整体效率。

但是，如果在将住房贷款作为核心业务的企业，利用RPA生产效率会得到明显提高，如图2.11所示。此外，如果同时使用OCR，其效果会更明显。

目前，以住房贷款为核心的个人贷款业务事务所正在逐步推进RPA引进工作，这些引进RPA的企业都极大地提高了效率和业绩。

2.6 RPA的真实效应

经常有报道称“利用RPA可以获得很大的效果”。

报纸、杂志、书籍等媒体会列举一些具体的企业名称和数据，例如“已经提高50%的工作效率”“生产率提高了150%”等，甚至有些业务中的相关数据会更高。

诚然，如果超过50%和150%，取得的效果是相当大的。

以下列举了RPA的不同作用，如降低成本、提高工作效率和提高生产力等。

2.6.1 引进RPA产生的真实效应

RPA将会产生以下几种多重效应（图2.12）。

①RPA软件特性带来的效应；

②机器人文件设计技术带来的效应；

③系统的整体效应；

④引进活动所产生的效应。

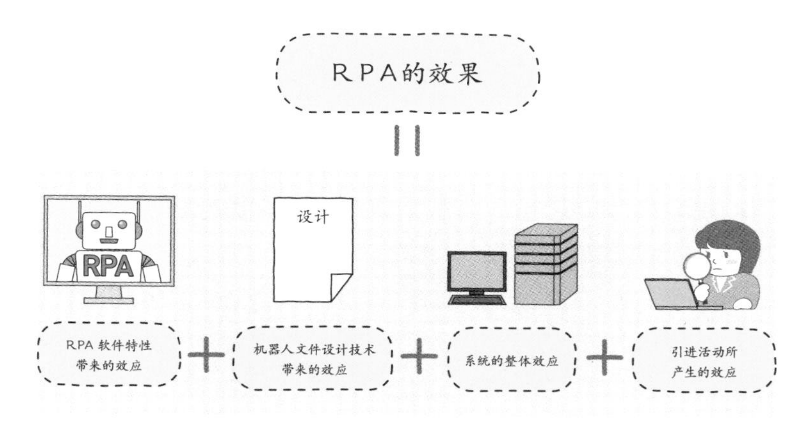

图2.12 引进RPA产生的真实效果

实际上，②和③技术和系统带来的效应和④引进活动所产生的效应，比起①RPA软件自身带来的效应要大得多。

笔者之前在各大媒体上介绍过RPA的作用，但只谈到它所带来的整体效应，并未具体细分。本书主要是介绍RPA的结构，在将这些作用和效果归纳为以上①～④四点的基础上，再进一步说明RPA会带来哪些具体效应。

如果把RPA软件自身比作烹饪材料，那么如何设计和开发机器人文件，就相当于烹饪出什么样的美味佳肴。如何组件系统就相当于烹饪套餐，如何开展引进活动就需要从餐厅的整体服务出发去考虑（图2.13）。

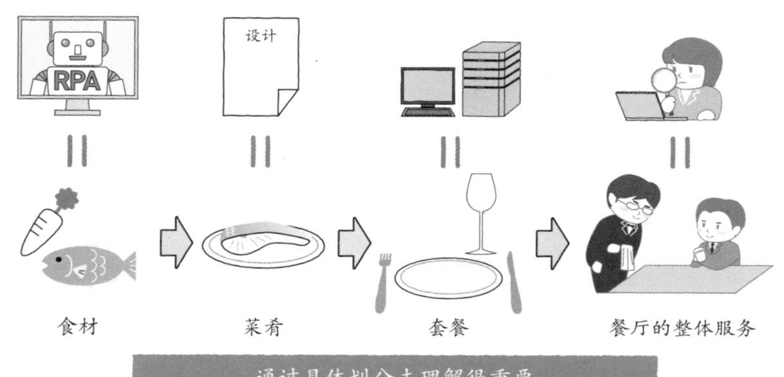

图2.13　从食材、菜肴、套餐到餐厅的整体服务去考虑

接下来详细了解①～④每个效应具体是什么。

2.6.2 RPA软件特性带来的效应

在1.1.1节中介绍了RPA是一个自动执行由开发人员定义的操作的工具。如果按照定义去执行，则不会产生错误。通过这样的高质量工作，也就不需要之后的审查和确认了。

此外，自动执行数据输入和核对等工作会比人工操作的速度更快。

RPA软件的上述两个特性都直接有助于提高效率和业绩。如果引进成本低于之前的劳动力成本，也可以达到削减成本的效果。

RPA软件特性带来的效应可以简单称为一阶效应（图2.14）。

图2.14 一阶效应：RPA软件特性带来的效应

2.6.3 机器人文件设计技术带来的效应

让RPA在人的休息期间按照规定程序自动执行循环操作，有助于进一步提高工作效率和业绩。

在设定循环操作和执行时间方面，可以充分运用机器人文件设计者和开发人员掌握的技术。

此外，如果在设计和开发过程中有“组件化”的意识，则引进RPA后会实现标准化操作，从而创造新的附加值。

当使用范围扩大到其他业务或整个公司时，标准化操作会发挥更大的效果。这种机器人文件设计所带来的效应称为二阶效应（图2.15）。

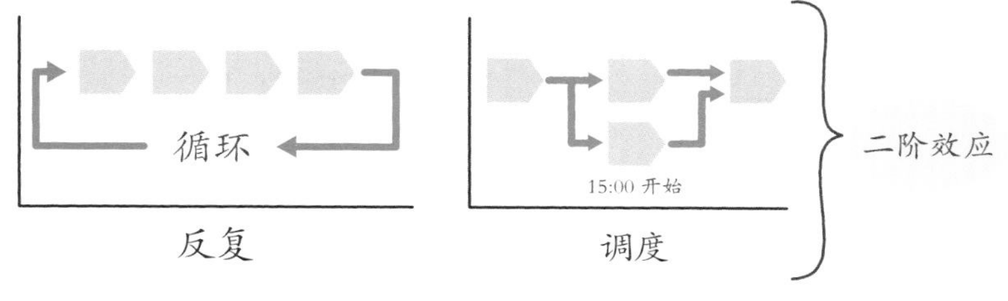

图2.15 二阶效应：机器人文件设计技术产生的作用

2.6.4 系统的整体效应

替换单个终端的工作，将服务器和客户端结合形成一个工作组，在虚拟环境下让系统在整个部门内都可以被使用等，这些应和二阶效应一起考虑。

在需要处理大量申请表等表格和票据等的工作中，同时引进RPA和OCR是一大趋势。有些还同时使用人工智能技术，具体细节将在第4章中进行说明。RPA和OCR的组合在整个系统中将会产生很大的效果。这种系统的整体效应称为三阶效应（图2.16）。

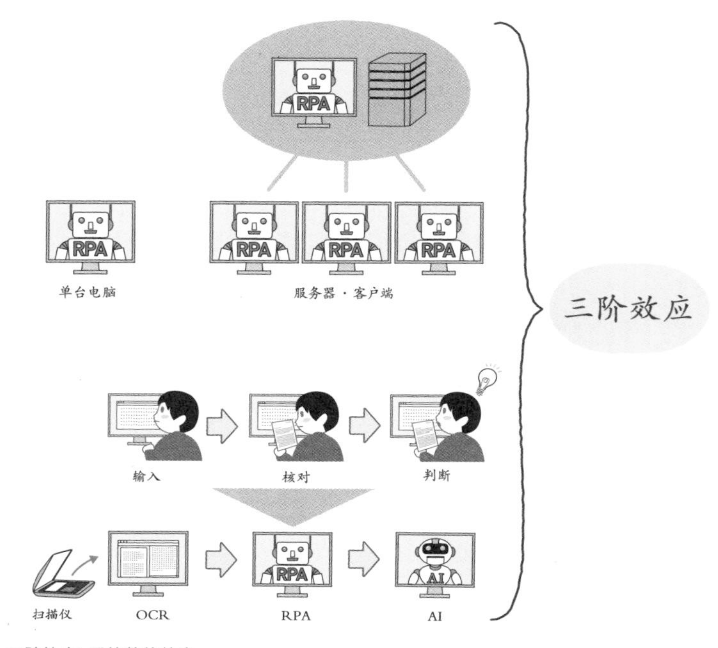

图2.16　三阶效应：系统整体效应

图2.16的下半部分是使用OCR、RPA和AI替换数据输入、核对、确认过程的一个例子。

2.6.5 引进活动所产生的效应

在考虑引进RPA时，应该将业务、计算机和服务器上的操作可视化，进一步分为可以实际使用RPA的部分和不能使用的部分。

这样可以针对能够切实取得很大成效的领域，比如业务处理量大的工作或需要反复操作且花费大量时间的常规工作等，逐步引进RPA。

此外，在对业务和操作进行可视化分析的同时，还可以不断加以改进。

这种引进活动所产生的效应称为四阶效应（图2.17）。具体细节将在第9章中进行说明。

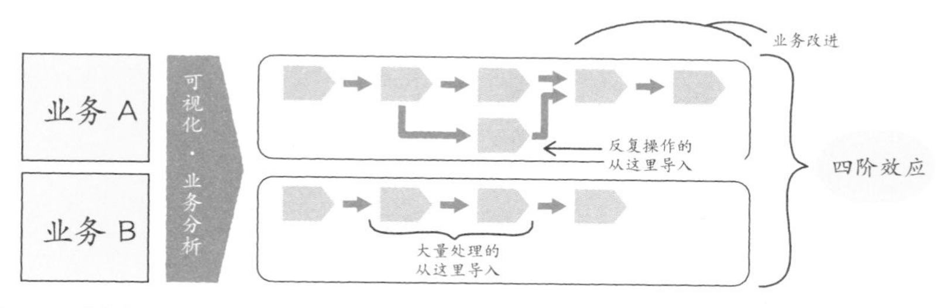

图2.17　四阶效应：引进活动所产生的效应

2.6.6 各效应之间的关系

综合来看以上四种效应，我们可以看出RPA具有一阶效应到四阶效应的综合效应（图2.18）。

如果达到以上四种效应，实现优化配置的话，提高50%的效率和150%的生产率将不是梦想。

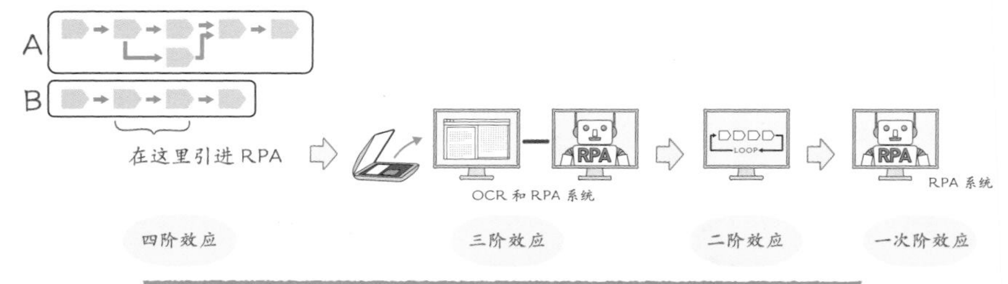

图2.18　从一阶效应到四阶效应

RPA所产生的效应包括以下四种：

- 开展引进RPA活动所产生的效应；
- 在目标业务中引进RPA和OCR等最优系统时产生的效应；
- 在设计和开发RPA方面，可以充分运用开发人员的技术；
- RPA本身具有的自动执行已定义操作所带来的效应。

从图2.18可以看出，四阶效应和三阶效应大于二阶和一阶效应。

2.6.7 不要仅仅依赖RPA

当我们听到“RPA可以产生很大作用”时，应该会十分高兴。但是，正如上面所介绍的那样，RPA自身产生的作用并不是很大，但在开展引进RPA活动时产生的作用会更大。

因此，我们应该了解仅靠单纯引进RPA软件，并不会产生多大的效果。只有在整个系统内开展引进工作才能取得显著成效。

2.7 效果大于担忧

对于那些率先引进RPA的企业，会有的顾虑主要有以下四种。

- 如果不能达到预期效果，该怎么办？
- 如何应对机器人失控或被遗忘？
- 没有人去操作也可以吗？
- 如何在业务变更或增加后进行维护？

接下来将针对以上四种问题进行具体说明。

2.7.1 如果不能达到预期效果，该怎么办

不仅仅是RPA，在引进其他新技术时多少都会有这样的担忧。因此，用RPA取代人工操作，出现这样的担忧也很正常。

这种担忧与2.6节中描述的一阶效应密不可分。对此，可以通过学习RPA软件，在PoC阶段通过实际操作去判断是否可以实际运用，以加深对软件特性的理解。

2.7.2 如何防止机器人失控或被遗忘

对于人工智能的使用，人们一直担心它是否会超越当初设定的使用范围而出现失控的现象。

可能有些人对RPA也持有相同的顾虑。在1.1节中已经提到RPA是一个执行已定义处理的软件。因此，如果定义时没有错误，就不会出现失控的现象。这关乎于2.6节中提到的二阶效应。

此外，终端用户所创建的机器人如果未公开发布，很有可能会被遗忘。因此，安装机器人文件后需要多次对所有机器人文件进行管理。从系统运用的角度来看，这关系到三阶效应。

那么，用户到底应该如何处理自己创建的机器人呢？至少应该将在哪些终端上有

哪些机器人的信息与他人分享，以防出现机器人被遗忘的情况。

在图2.19中，可以看出我们能够很容易控制机器人出现失控的情况，但是像右边那样被人遗忘是一件很可悲的事情。

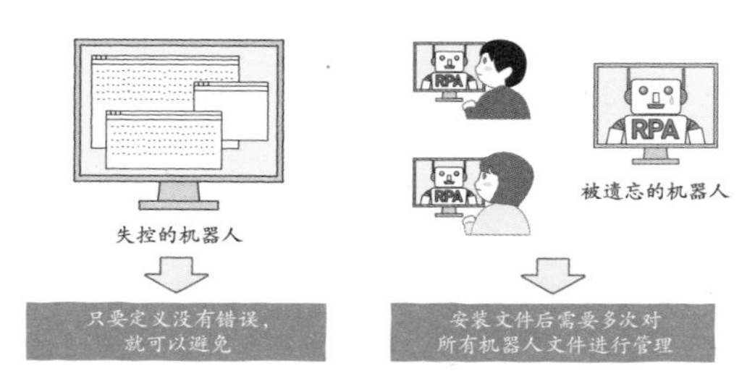

图2.19　机器人失控和被遗忘

2.7.3 可以没有人工操作吗

在开始引进RPA时，不可能一下子就替换掉所有员工，通常是在负责该项工作的人员身边待机。随着引进工作的开展，会渐渐代替这些员工。

因为RPA还涉及设计和开发环节，需要在系统开发和运营时采取相应的措施。比如，在系统中编写失误应对程序，将RPA的程序和使用RPA之前的程序制作成文件记录下来并共享，这样在RPA意外停止运行时也能够保证正常运行。

2.7.4 业务变更和增加时的维护

当出现安装RPA后想更改机器人文件的程序、依法变更业务时对机器人文件进行修改以及增加系列产品后需要新增机器人文件等需求时，很难一一满足。

因此，需要确定在引进过程中业务变更和增加的频率以及需求。

另外，为了满足这些需要，可以事先确定负责维护的人员和主管部门。

率先引进RPA的公司所担心的是，开展一系列活动能否取得2.6节中描述的效果。

答案是肯定的，如果能落实每项活动，就可以消除引进RPA的种种焦虑和担忧。

2.8 RDA和RPA之间的差异

除RPA外，还有RDA。

RDA是Robotic Desktop Automation的缩写，是一种自动化桌面，指的是个人计算机以及人工操作的自动化。

相比之下，RPA是过程的自动化，旨在使整个业务流程自动化，从这个意义上来说与RDA不同。

RDA可以供个人使用，也可以集体使用。

此外，如果只是从物理上划分，RDA是在桌面端运行，RPA则在服务器上运行。

让我们通过图2.20来确认这两种区分方法。

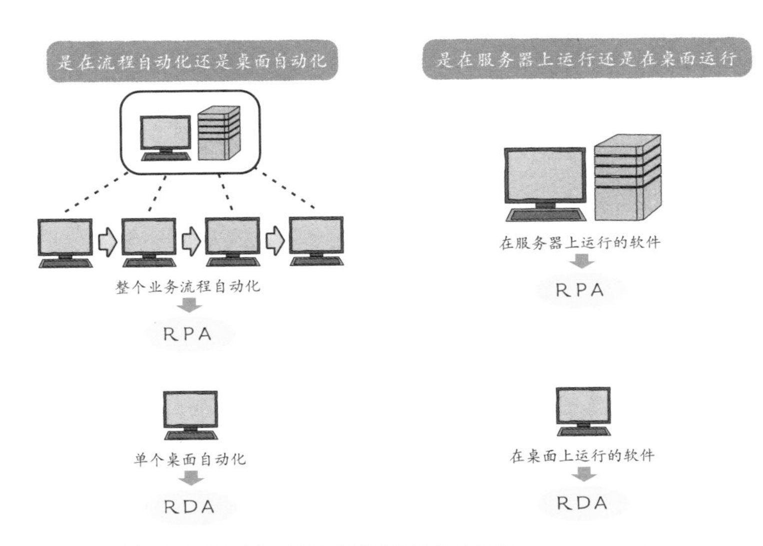

图2.20　是流程自动化还是桌面自动化，是运行在服务器上还是桌面端

专栏 · COLUMN

RPA软件的区别使用

●数据库

已经引进RPA的企业不是只使用RPA软件，而是和多个软件一起使用。

以数据库为例，很多企业会将Oracle、SQL Server等作为全公司的核心数据库或某部门的数据库，如图2.21所示。那么，部门中的小型工作组或个人使用的数据库有哪些呢?

如果想用一款方便修改的软件，且对稳定性要求不高，大多数人会使用Access。

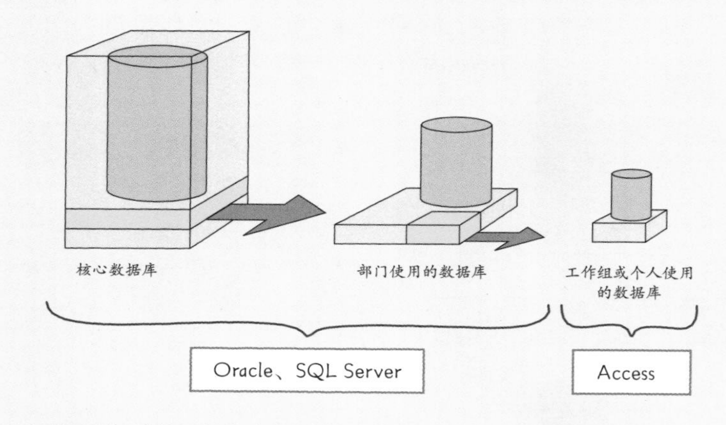

图2.21　数据库的区分使用：核心、部门用、工作组或个人用

●RPA

事实上，RPA的使用情况与此类似。

RDA主要适用于部分业务或个人使用，如果是较大的业务规模，则可以选择支持大规模业务的RPA。

在图2.21中，RDA在Access上，RPA在Oracle和SQL上。因此，有多种RPA产品可供使用。

第 3 章

RPA的产品知识

3.1 RPA的相关业务

对于信息系统部门和开发人员来说，需要提前掌握如何学习RPA等新技术，以及引进RPA需要做哪些准备和花费多少成本。我们可以从RPA供应商提供的服务来获取这些信息。

RPA供应商主要提供产品销售、培训、资格认证、咨询、系统构建和技术支持等服务。

3.1.1 产品销售

一般而言，软件销售和使用的合同期限为一年。例如，可在桌面端使用的开发环境和执行环境，1年的成本约100万日元。其中也有可以买下专利的产品。

虽然100万日元的成本可能会超支，但正如在1.2.2节中所说的，如果由人工操作数据输入和核对工作，包括各种津贴在内，每年需投入480万日元的劳动力成本。而如果用RPA执行环境来代替人工操作，则只需要40万日元（图3.1）。

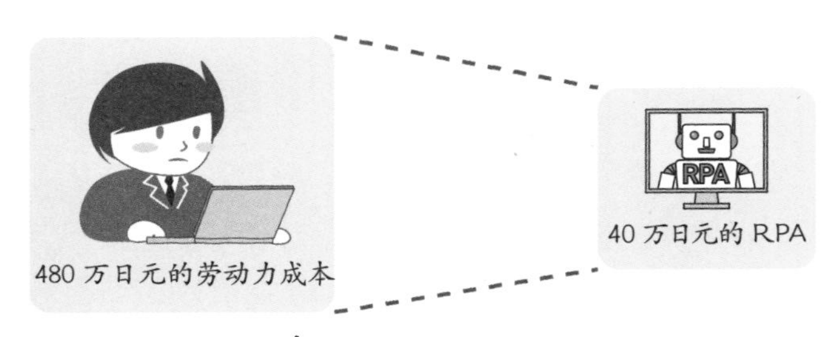

图3.1　劳动力成本和RPA产品的价格

而之前负责这些数据输入和核对等工作的人，则可以从事其他创造性工作。

除去开发环境，执行环境的成本大约是劳动力成本的1/12，这是一个非常合理的价格。功能越多，产品的价格就越高，反之则越低。此外，与高技术人员的劳动力成本普遍较高一样，能够在管理员的指示下操作的产品价格也比只能自动运行的要高。

3.1.2 RPA的相关培训

RPA的相关培训由产品供应商和合作伙伴企业提供。参加培训的人员多来自不同公司或单位。笔者曾经也参加过，比自学更加有效。

在培训中可以直接向老师请教，当场即可解答疑问。有的培训期只要几个小时，有的长达两个星期。费用根据培训内容而定。

有些培训还提供一定期限内免费使用的软件，可用于培训后进行复习或者向同事分享学习体会。

除此之外还有其他课程信息，请提前查阅。

3.1.3 RPA资格认证

Microsoft、Cisco、Oracle和SAP等都会提供专业资格证书。同样RPA也有资格认证，每个产品都有各自的认证体系（表3.1），各种资格的名称也是不同的。如果从事RPA相关工作，建议最好取得该资格认证。

表3.1 资格认证的示例

引进战略	概述
Automation Anywhere	Advanced e-learning course on Robotic Process Automation
Kofax Kapow	Kofax Technical Solutions Specialist
Pega	Certified System Architect
UiPath	RPA Developer Foundation Diplomat
WinActor	助理、专家

目前，RPA资格认证主要是通过参加培训或者自学后进行在线考试来获得（图3.2）。考试通过后，即可获得专业技术资格认定证书。

将该证书出示给需要认证的企业，可以证明自己具备很高的专业技能。

需要支付的考试费和证书发行的费用，请自行查看详细信息。

从产品供应商的角度来看，在海外推广RPA系统的商务谈判中通常需要有专业人员在场。因此，在不久的将来，必须有具备该资格认证的专业人员在场，才能使商谈顺利进行下去。

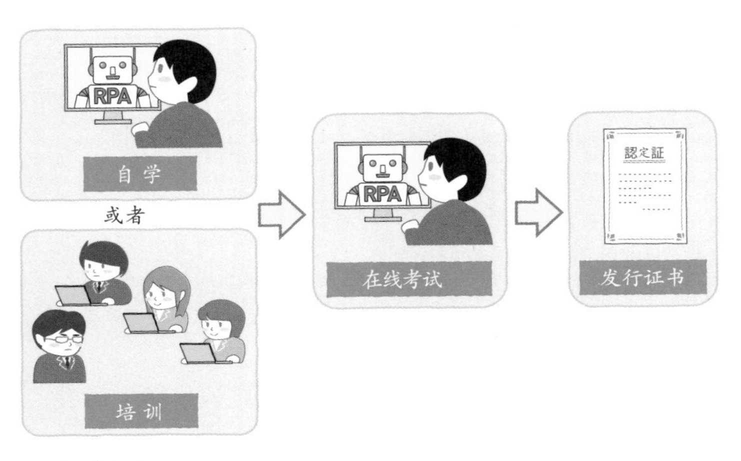

图3.2 在线资格认定考试

3.1.4 引进RPA的相关咨询

刚开始在实际工作中使用RPA时，多少会有些不安。在全公司范围内使用的情况更是如此。

因此，需要有具备相关经验和知识的人员提供指导。

为了满足这样的需求，产品供应商、IT供应商和咨询公司等会提供引进RPA的相关咨询。咨询内容取决于引进的规模和周期。具体费用请咨询相关公司。

◉ 两种咨询

现在在引进RPA方面，有专业的顾问。

主要有以下两种咨询。

①业务和RPA系统的咨询

可以称之为RPA引进咨询，提供的服务包括：

· 选定需引进RPA的业务；
· 当前业务可视化和制定业务流程；
· 制定引进后的业务流程和效果验证；

· 支持RPA软件选择；
· 支持介绍。

②经营咨询

从经营或整个公司的角度提供咨询，提供的服务包括：

· 制定引进措施和总体规划；
· 从经营的角度验证效果；
· 在全公司引进时的项目管理。

虽然引进RPA的咨询分为业务咨询和经营咨询，但是之后会着重介绍技术层面，也可以看作是技术咨询。不过，这是产品供应商本来就会提供的服务。

业务咨询主要侧重于目标业务和引进RPA后的效果，管理咨询主要侧重于战略、总体规划的制定和管理。

3.1.5 派遣工程师和技术支持

虽然在咨询中也会涉及一些技术支持的内容，但它是一项专门针对软件和系统开发的服务，而不是一般性的咨询，例如从技术角度考虑何时需要派遣技术人员，以及回复技术人员的QA（图3.3）。

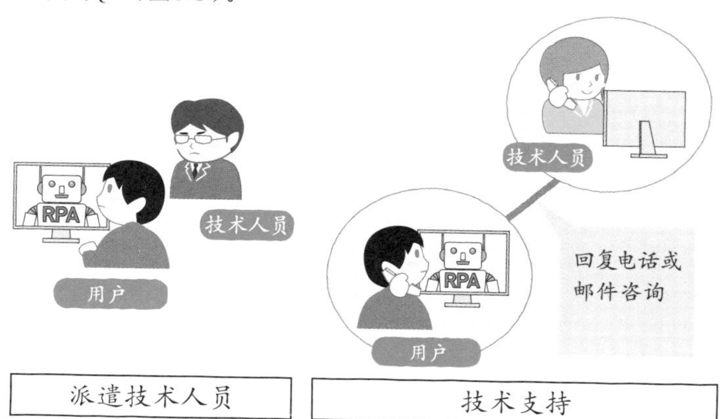

图3.3　派遣技术人员和回复QA

如果使用对象对RPA软件和机器人文件的开发不太了解，则派遣技术人员去解决；如果使用对象对RPA有所了解，则通过电话或电子邮件回复咨询即可。请提前确认技术人员的可派遣时间和QA回复的时间。

到此，已经介绍了与RPA相关的主要业务。RPA供应商和合作伙伴公司基本上都会提供上述所有业务。当然，根据使用对象是在公司内部使用还是在外部合作公司使用，用户公司实际提供的服务会有所不同。

3.1.6 PoC和试运行

虽然有媒体报道一些大公司已经引进了RPA，但从总体上来看还未全面普及。因此，有的产品供应商会提供PoC服务和试用版。

例如，提供2~3个月的试用版，或者提供一定期限内的咨询服务，价格只有一年使用期和一般性咨询服务的几分之一。这对于想要“试验”的客户来说性价比很高。

如果尚未决定是否引进RPA，且对不知道选择哪种软件和供应商，这类服务是很值得考虑的。

3.1.7 展览和研讨会

展览和研讨会服务不是由个别产品供应商提供，而是由专门组织展览和研讨会的公司提供。

目前，与其他技术和产品相比，RPA产品的相关展览规模较小且数量很少。随着引进RPA的企业或单位数量的增加，想必其规模和数量一定会不断扩大。

专栏 · COLUMN

RPA衍生出的新业务

现在，有很多业务是由人才派遣公司来提供必要的人力资源。如果用RPA替代这些人力资源，则需要在必要时提供必要的RPA产品，这并非易事。

在不久的将来，RPA软件和系统的相关专业知识可能会衍生出以下业务：

- 提供现场RPA；
- 维护机器人；
- 管理机器人。

用RPA去代替派遣员工以及管理和维护机器人等，都将成为新的服务。

3.2 典型的RPA产品

3.2.1 主要产品

Automation Anywhere、BizRobo！、Blue Prism、Kofax Kapow、NICE，Pega、UiPath（UiPass）和WinActor等都是具有代表性的RPA产品。

有些制造商直接销售这些产品，有些则与国内IT供应商合作销售。

因为有很多面向海外市场的产品，所以大多数产品的语言都是英文的。

此外，还有一些产品需要安装SQL等数据库和Citrix（虚拟桌面）等软件。在这种情况下，还需要支付这些配套软件的相关费用。

3.2.2 日本市场的先驱

日本国内RPA市场由RPA Technologies的BizRobo推动。

其中引进WinActor的公司数量最多，它是由NTT DATA提供的完全在日本国内生产的产品。

埃森哲和ABeam咨询公司也为推动RPA的普及作出巨大贡献。

3.2.3 RPA产品列表

各RPA产品的特征如下。

◉ Automation Anywhere（美国）

Automation Anywhere是RPA的先驱，具有多种功能。建议将其与叫作Process Maturity Model 的BPMS（Business Process Management System）结合使用，（在3.4节中会介绍在线学习）。

◉ BizRobo!（日本）

作为日本市场的先驱，由RPA Technologies提供。最初是在KofaxKopow的基础上推出，后来增加了自身特有的功能。BizRobo！与OCR结合可以创建机器人场景。

◉ Blue Prism （英国）

Blue Prism是RPA的先驱，具有多种功能，可以同时进行机器人的设计和开发（第6章介绍界面设计，第10章介绍与安全性能相关的内容）。

◉ Kofax Kopow（美国）

Kofax Kopow可以将各种系统作为数据源，并用RPA提取、整合和优化数据，与OCR结合使用可以创建机器人场景（在第6章中将其作为对象类型示例进行说明，在第10章介绍运行管理界面时也会提及）。

◉ NICE（以色列）

NICE可以同时进行机器人的设计和开发。机器操作和人工操作可以同时进行，并可以协助人管理其他操作。

◉ Pega（美国）

Pega是以RPA为基础的可支持BPMS的产品。由BPMS进行业务分析和改进处理，BPMS无法完成的操作则由RPA负责改进（在第6章中将其作为对象类型示例进行说明，在第10章介绍运行管理界面时也会提及）。

◉ UiPath（美国）

UiPath可与Windows高度兼容，可以用于捕捉屏幕，还提供免费在线学习的日语版本（3.4节的在线学习）。

◉ WinActor、WinDirector （日本）

日本生产，画面是日语。目前有很多相关书籍，易于开发。使用该产品的企业或单位的数量预计很快将超过1 000家（在第6章中将其作为对象类型示例进行说明，在第10章介绍运行管理界面时也会提及）。

此外，各产品的桌面都与Windows 7或更高版本兼容，并且服务器与Windows Server兼容。有些产品可与Linux服务器兼容。 详细信息请查看各公司或合作伙伴的网站。

专栏 · COLUMN

RPA正在运行时，其他终端无法使用吗

RPA开始被人们所知时，据说RPA进行处理时不能进行任何其他终端操作。确实，有些RPA产品与其他操作不能同时进行。

但是，也有在执行RPA处理时可以同时运行其他应用程序的RPA产品（图3.4）。

独占终端

允许同时运行其他应用程序

图3.4　独占终端和可以同时运行其他应用程序的RPA

但是，为了方便查看机器人文件是否正常工作，即使这些产品支持运行其他应用程序，也不建议在执行RPA处理时同时运行其他应用程序。

因此，“不运行其他终端操作≒不能使用”。 在使用终端学习RPA时，最好在不做其他操作的情况下专注于学习。

3.3 学习RPA软件

对很多人来说，RPA软件是首次接触的，需要从零基础开始学习。本节将介绍学习RPA的方法。

3.3.1 学习、创建和使用RPA

学习RPA主要分三步：学习→创建→使用（图3.5），这与学习其他软件的方法基本相同。

本书涵盖很多内容，包括对RPA软件的概述以及一些具体应用的讲解。

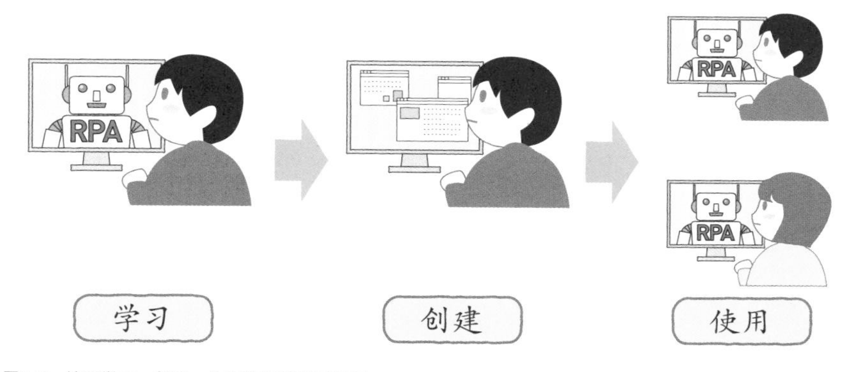

图3.5 按照学习→创建→使用的步骤学习RPA

因为RPA是一个软件，所以“创建”的步骤是最重要的。因此，接下来需要带着这样的意识进行下面的学习。

以前，传统的学习方法是通过购买产品来进行学习。然而，在现代的互联网时代，对于信息系统部门和开发人员来说，如何让用户不花费金钱和时间就能学习也是重要的课题。因此，本书将按照所需费用从低到高的顺序来进行说明。

3.3.2 获取基本信息

首先，我们可以通过书籍、报纸和杂志了解RPA基本知识。然后通过报纸和杂志了解相关动向，再通过网站和书籍学习引进RPA的方法和相关技术知识。

RPA技术支持的RPA BANK（https://rpa-bank.com/）网站提供了产品和服务相关的新信息（虽然其中有些广告）。

此外，如果不加注意，报纸和杂志上的文章经常容易被忽视，所以在日常工作和生活的方方面面都需要留意RPA的相关信息。

也可以通过浏览产品供应商和合作伙伴公司的网站了解相关信息。

3.3.3 在线学习

学习RPA有可以在线进行评估或学习的免费软件（图3.6）（详见3.4节）。在线学习可以直接接触RPA软件，也可以直接体验“创建”这个步骤。

图3.6 在线学习接触RPA

3.3.4 产品购买

在有预算的情况下，实际购买和研究RPA产品是最常见的学习方式。

购买产品的好处是可以获得产品的详细说明书，并且有的产品供应商还提供QA咨询服务，这可以加快学习进程。

3.3.5 参加培训

如3.1.2小节中所介绍的，可以参加供应商提供的培训来学习RPA。这需要我们在日常工作中抽出时间去参加培训，虽然比较麻烦，但是在短时间内学习最有效的方式。

建议想成为开发人员的人最好参加培训。

3.4 在线学习示例

Automation Anywhere是RPA的先驱，也提供在线学习网站（图3.7）。到2018年6月将不提供日文版，仅提供英文版本。

UiPath课程名称叫academy，Automation Anywhere课程则叫University。培训课程名称因各公司而异。

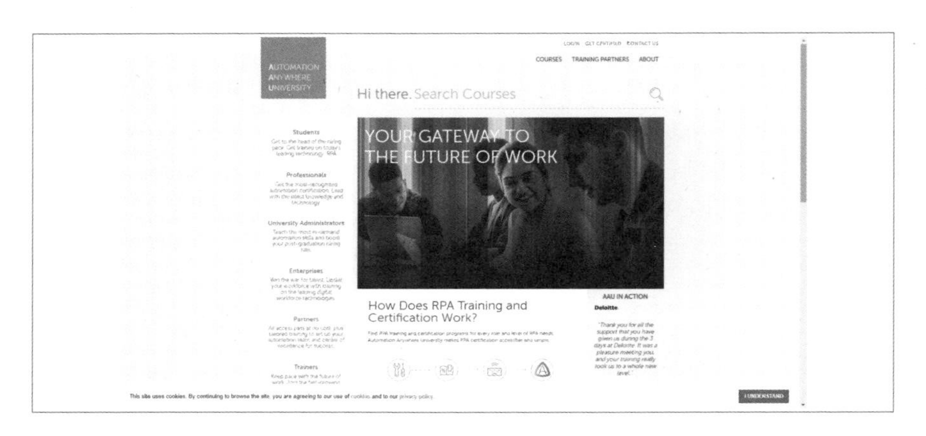

URL https//www.automationanywhereuniversity.com/

图3.7 Automation Anywhere University的界面①

打开上面的页面，会有关于RPA的概述，如图3.8所示。注册完电子邮件地址后，即可进入Learning Portal。

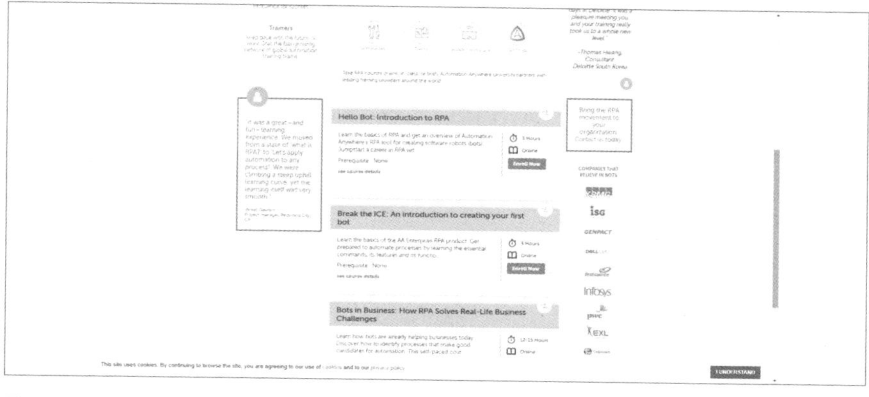

图3.8 Automation Anywhere University的界面(2)

由于Automation Anywhere和BPMS合作，因此学习的内容也包含BPMS的相关内容（在4.7节中将对BPMS进行详细说明）。

在LESSONS开头是对名为Process Maturity Model（PMM）的业务流程的分析。PMM是流程改进的基础，后面会介绍Automation。

3.5 免费RPA软件

3.5.1 RPA Express是什么类型的软件

与其他软件一样，RPA也有免费版软件。在这里将介绍WorkFusion的“RPA Express”，这是业界公认的免费软件。

根据RPA Express的“许可协议”，这款软件不仅可以用于内部评估，还可以用于商业用途。

WorkFusion是一家与AI相关的公司，免费提供RPA Express，并且销售相关产品和提供服务。

3.4节中介绍的UiPath可用于评估和培训，但商业用途则需要购买产品。

WorkFusion和UiPath的商业模式是不一样的。

3.5.2 RPA Express界面

使用RPA Express时，请从图图3.9所示的界面进入。

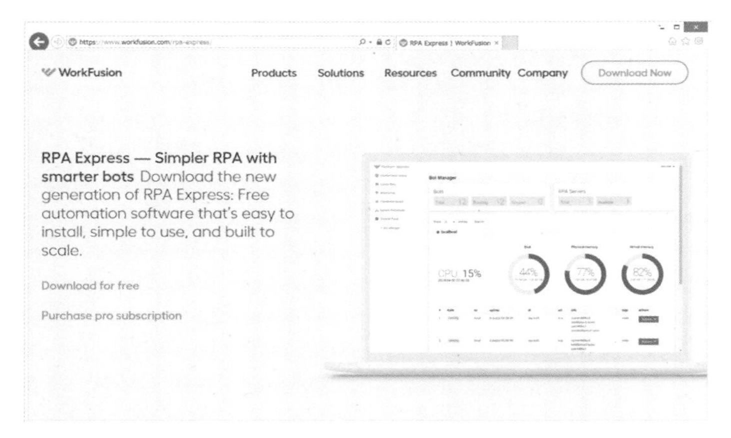

URL https://www.workfusion.com/rpa-express

图3.9 RPA Express的开始界面

单击Download Now按钮，会出现图3.10的界面，注册电子邮件地址等信息后，将收到一封电子邮件，继续点击收到的邮件中的链接。

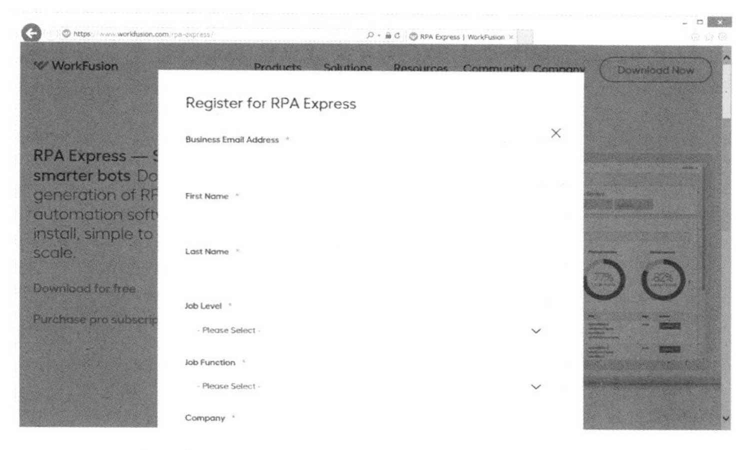

图3.10 RPA Express注册邮箱时的界面

下载时，需要性能相对较高的电脑。

如今这个时代，想必有人会疑惑："有免费软件吗？"也有想用免费试用软件的人。现在市面上有很多其他的免费软件，请自行搜索。

3.6 学习顺序

在学习RPA的时候，最常见的问题之一是："我应该先学习哪些，RPA还是RDA？"

这是一个棘手的问题，但在实际使用中，无论是工作组、RPA，还是个人计算机，将取决于用户的实际需求和使用情况。

不管怎样，我们首先应该从"引进前的学习"的角度出发去思考。

3.6.1 物理限制

除了已安装的客户端和用于学习的客户端之外，RPA还需要安装在服务器和计算机桌面上。因此，RPA存在需要服务器的物理限制。

而RDA在一台计算机上就可以使用。

3.6.2 成本差异

如第1章所述，RPA软件包括可以管理多个机器人的工具，因此软件本身比RDA更贵。

此外，如果没有空闲的服务器，购买服务器也需要花钱（当然一般不会有这种情况）。

RPA还需要数据库和其他配套产品，这也增加了一定的成本。

因此，取决于预算的多少，RPA和RDA之间的差异可总结如下：

- 软件本身的价格差异（有无管理多个机器人的工具的差异）；
- 购买服务器成本；
- 购买数据库和其他配套产品的成本。

请提前知悉以上三点。

3.6.3 RDA是安全的软件

考虑到RPA需要服务器并且软件价格昂贵的障碍，从RDA开始学习是目前的安全选择。 在认识到没有服务器和管理工具之后，您应该从RDA中学习。

在开发机器人文件方面没有太大的区别，这是主要的RPA / RDA。

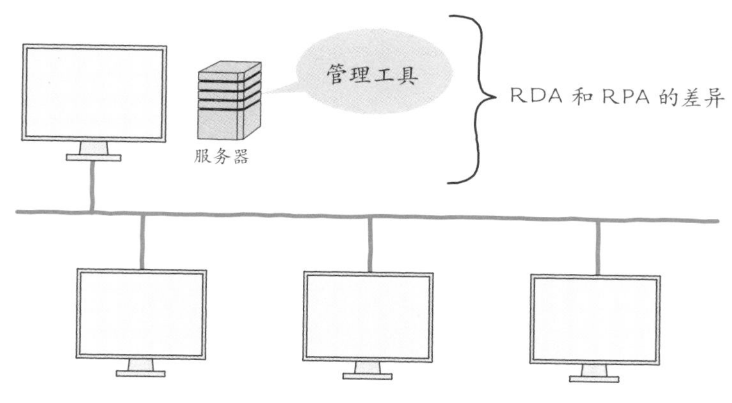

图3.11 RDA和RPA的差异

由于RDA没有管理工具，也没有服务器管理，在软件和硬件配置上与RPA不同。就两者之间的关系而言，RDA只是RPA的一个部分。

专栏 · COLUMN

从RDA到RPA以及RPA的多样性

在本书出版之前，想必大家都会有这样的困惑：是先学习RPA还是RDA?

企业和产品供应商也会有相同的疑惑。

●从学习RDA开始

从学习RDA开始的话，会增加RPA的学习难度。由于RDA没有管理工具和服务器，在软件和硬件方面都比RPA小得多。在本书出版之前，用户只能自己去摸索二者之间的差异。

阅读本书后就不会有这样的困惑。

●从学习RPA开始

刚开始接触RPA时，可能有些人并不知道RPA是什么。虽然从广义上来说，RPA各产品都具有相同的功能，但是仍然存在细微差异，一些功能的名称和核心技术会有所不同。

因此，RPA和RPA这两个不同软件的差异会更大。此外，由于大多数RPA产品都是英文版本，用户就更难理解RPA到底是什么软件。要理解RPA，必须了解各产品之间的差异并掌握相关常用术语。对此将在第5章和第6章中进行详细解说。

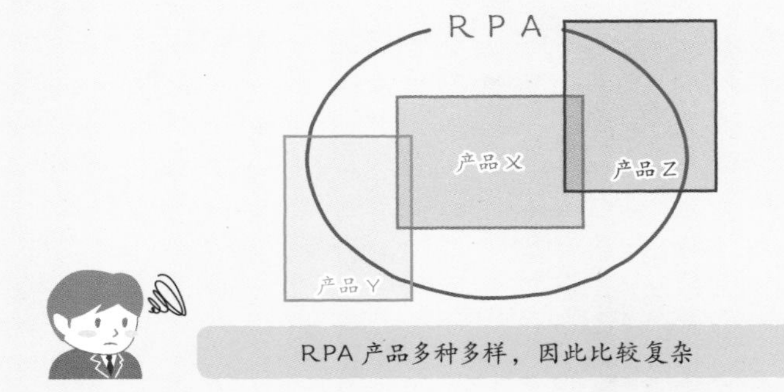

图3.12　RPA产品的多样性

第 4 章

与RPA类似的技术

4.1 与RPA类似的典型技术

在引进RPA的过程中，将会有很多运用本节介绍的技巧的机会，具体内容会在下一节中一一说明。根据实际使用情况，我们将RPA和与之类似的Excel宏、AI、OCR以及BPMS之间的关系总结如图4.1所示，并在4.7节中进一步说明。不过，只有BPMS和RPA不太一样。

这些技术都可以与RPA结合使用。

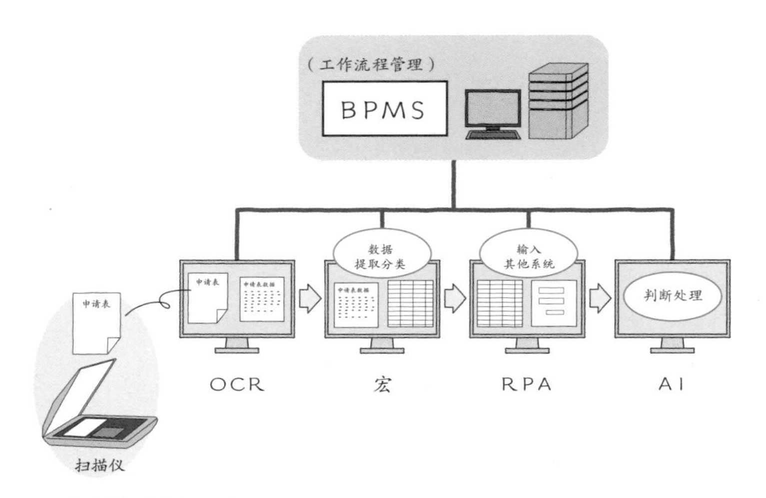

图4.1　RPA和与之类似的技术之间的关系

◉ Excel宏

宏是我们最熟悉的自动化工具，基本上以Excel和与之配套的应用程序来处理对象。

◉ AI（Artificial Intelligence）

AI可以执行与人类的思维和动作相同的处理。

与之相对的是，RPA会忠实执行开发人员定义的程序。

◉ OCR（Optical Character Recognition / Reader）

OCR从“纸张”和“图像”中读取文字并自动将它们转换为数据。它可以将手写或打印的文字转换为数据。

由于RPA无法像OCR一样，可以将图像转换为文本数据，今后与OCR一起使用的地方将会越来越多。

◉ BPMS（Business Process Management System）

使用内置系统可以分析和改进业务流程，可以轻易修改安装了BPMS的工作流程。

我们可以在BPMS中使用RPA，但不支持在RPA中使用BPMS。

◉ 其他技术

作为参考，再介绍一下EUC（End User Computing）、IOT机器人和RPA之间的关系。

EUC是用户可以自己搭建系统的一个过程，而非一项技术。由于有人认为机器人的开发应由用户自己完成，因此这里将介绍RPA中的EUC概念，以及EUC和RPA之间的关系。

IOT机器人是一种物理机器人，可以执行输入、控制和输出操作。由于RPA中也含有类似“机器人”的部分，所以接下来还会介绍IOT机器人。

下面将从Excel宏开始进行详细说明。

4.2 Excel宏

在Windows中，Excel宏是用户最熟悉的自动化工具。本节将重点介绍其与RPA的差异和共同点。

4.2.1 RPA和宏之间的区别

宏可以在Excel内或Excel与其他应用程序之间自动进行数据交换。

RPA可以在各种应用程序（包括Excel）之间执行数据链接。宏可以在Excel和其他应用程序之间输入或导出数据。

在Visual Basic语言中，将用于Microsoft Office产品中的VBA（Visual Basic for Applications）与宏区分成两个概念，但是本书并未将二者区分开。

从自动化的角度来看，宏仅限于与Excel一起使用时实现自动化，但RPA可以通过连接其他各种应用程序来实现自动化。在图4.2中，我们可以清楚地看到以Excel为中心的宏和不限于Excel的RPA之间的区别。

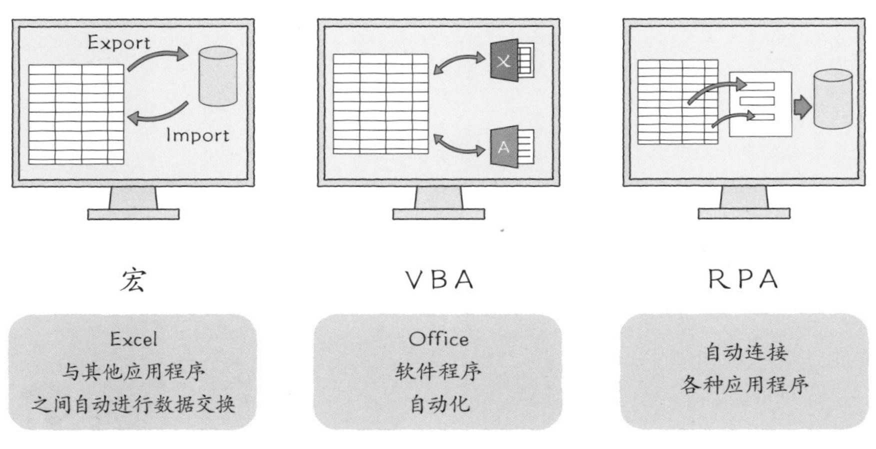

图4.2　宏与RPA之间的区别

4.2.2 RPA和宏之间的共同点

在自动化方面，宏和RPA有一些共通之处，主要有以下两个共同点：

①定义程序的方法（记录程序的方法）

在第6章中将介绍的机器人开发类型为屏幕捕捉类型的产品，其定义程序的方法与Excel宏几乎相同。

②操作

RPA作为一种自动化工具，可以自行执行实际操作。宏也可以自动执行一些操作。根据处理的内容，宏也可以实现与RPA类似的“操作”。

在下一节中，将展示符合①和②的简单的宏模型。

对RPA不太了解的人在一开始接触RPA时，会对其有一个大致的印象，即RPA是一个“定义程序和执行操作”的软件；如果之前对RPA有所了解，则在刚开始重新学习RPA时，会觉得“温故而知新”。

4.3 可以联想到RPA的宏模型

4.3.1 启用宏功能

在本节中，除了RPA的处理定义之外，还将创建一个可以联想到自动运行的RPA的宏模型。首先，我们将介绍如何启用宏功能。

在Excel的功能区中，默认情况下是不显示Excel宏功能的。

要启用它，请选择“文件”→“选项”→“自定义功能区”。在打开的图4.3的对话框中，选中右侧“主选项卡”列表中的“开发工具”复选框，然后单击“确定”按钮。

之后就会弹出“开发”选项。除非已经启用设置，否则不会自动显示“开发”选项。

图4.3 功能区用户设置

4.3.2 对话框设置

在Excel主界面中，切换到“开发工具”选项卡，然后单击“录制宏”按钮（图4.4）。

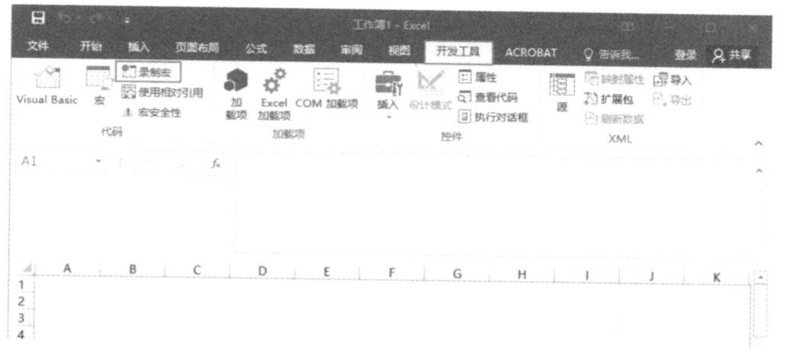

图4.4　单击“录制宏”按钮

将出现“录制宏”对话框，在该对话框中设置宏名称和快捷键等以启动宏（图4.5）。宏名称默认为“宏1”，启用宏功能后就能执行宏录制操作了。

图4.5　“录制宏”对话框

4.3.3 用宏实行的操作

本节主要说明宏与RPA之间的关系。

在图4.6的简单示例中，先让这些词语在工作表Sheet1上垂直排列，再将这些词语复制到工作表Sheet2中，并使它们横向排列成一句话。

在该示例中，在单元格B2至B6中分别输入“尝试”“在宏中”“再现”“RPA的”“操作”文本。

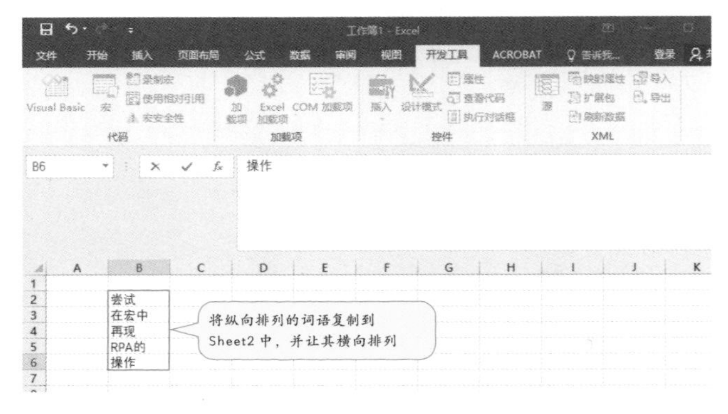

图4.6　在工作表Sheet1中输入词语

为了便于创建，在同一文件中使用两个工作表进行操作，可以把它想象成将应用程序A中的数据复制到应用程序B。

复制源Sheet1中从上到下垂直排列的词语，粘贴到Sheet2中从C2到D4依次为“尝试”“在宏中”“再现”“RPA的”“操作”，词语呈横向排列。

可以清楚看到，将从上到下垂直排列的词语复制到横向排列的单元格中的过程。

如果再加上音效“嗖、嗖、嗖、嗖、嗖”或“咻、咻、咻、咻、咻”等，可见速度之快。

4.3.4 录制宏前的准备工作

首先将数据输入到Sheet1工作表的单元格B1到B5这5个单元格中，如图4.6所示。

然后单击工作表下方的“+”按钮，以创建Sheet2工作表。

4.3.5 录制宏

返回4.3.2小节中的对话框，设置并继续使用默认宏名称“宏1”。

单击“确定”按钮，进入录制模式，执行注册操作。

从Sheet1工作表中将词语依次复制并粘贴到Sheet2工作表中，重复5次。

操作完成后，单击“停止录制”按钮。

4.3.6 执行录制的宏

要运行录制的宏，请单击“开发工具”选项卡上的“宏”按钮。

将出现图4.7的对话框，选择“宏1”并单击“执行”按钮运行宏1，执行后的效果，如图4.8所示。

图4.7　执行宏1前（Sheet1）

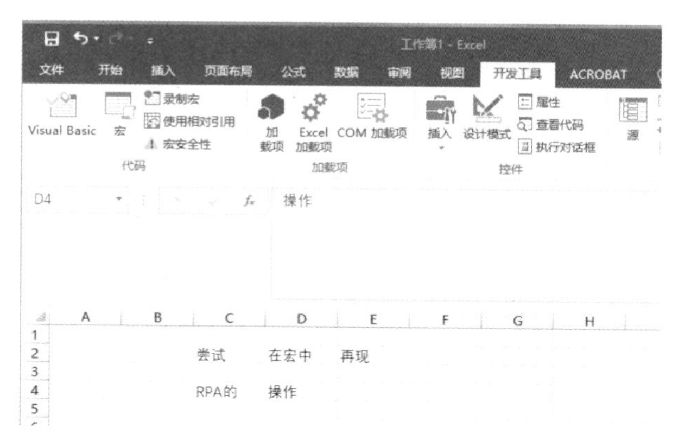

图4.8　执行宏1后（Sheet2）

4.3.7 使用宏

通过这种模型的宏，让从未接触过RPA的人也可以了解到“原来RPA是这样操作的”。

通过更改Sheet1和Sheet2工作表的背景颜色，可以使其看上去就像将应用程序A的数据复制到应用程序B中的过程。

RPA和宏是可以相互协作的。在实际使用RPA时，可以通过在宏中提取和重新排列数据并将其粘贴到RPA中，以进行简单操作。要注意的是，在使用Office产品时，需要确保已开启宏功能。

4.4 AI与RPA之间的关系

目前人工智能是一大潮流，RPA也经常与人工智能挂钩。有些产品的RPA和AI是相互关联的，但两者之间也有明显的区别。

4.4.1 机器学习

首先，介绍AI中常见的机器学习。

AI是机器学习技术和深度学习技术等各种技术的统称。其中，机器学习是最常用的。

在机器学习过程中，计算机重复分析样本数据，并且在数据库中保存用于整理数据的程序和规则以及判断标准。然后，对于需要处理的数据，根据保存的数据库执行与人工操作同样的处理。

4.4.2 客服中心越来越多地使用AI

客服中心是较早进行人工智能研究和实施的领域。在客服中心的工作和计算机操作中，AI和RPA的区别很明显。

例如，假设客户问“我想知道明年的保险需要支付多少钱”，人工操作员在接到电话时，会按照“对方有合同→现有客户→有客户编号或合同编号→向客户询问编号”的思路进行思考。

接下来，将检索到的号码输入到CRM系统或合同管理系统以查询必要的信息，再根据显示的数据来回答客户的问题。然后，在回复记录中输入所需信息来完成客户的咨询。

这一系列的操作是从“未知”到“已知”的过程，因此可以运用到机器学习等AI的功能。

4.4.3 客服中心的RPA

那么，客服中心是否需要RPA呢？答案是肯定的。客服中心可以通过在CRM系统或合同管理系统等中输入客户提供的编号来查询信息，并据此自动创建回复记录（图4.9）。

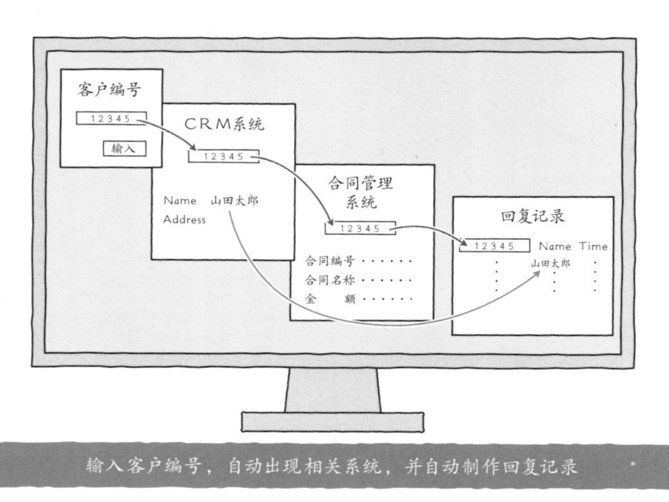

图4.9 在客服中心运用RPA

在输入客户编号后，RPA可以替换人工操作员，以节省输入到每个系统中的时间和精力。 即使是人工操作员负责回复记录的创建，也只需按一下键盘上的按键即可让RPA自动操作，而且比手动输入更快。

在客户被“识别”之后，可以将RPA功能运用到AI中。即先用AI判断和识别客户，然后用RPA替换其后的机械性常规操作。

随着AI的适用范围越来越广，也有人认为应该尽可能使用人工智能。

4.4.4 用RPA也可实现“识别”操作

金融机构向个人提供贷款时，金融机构向合作的数据处理公司提供客户在申请表中填写的个人信息，可以判断出是否向其借出贷款。

住房贷款也一样，先向合作的数据处理公司提供由金融机构从个人客户那里获得的个人信息，具体包括姓名、出生日期、性别、地址、电话号码等信息，再输入到该数据处理公司的系统中。输入到系统的数据项需是申请表等数据源中的主要项目。

如果使用RPA，则可以直接从申请表数据库中将主要数据项复制到另一个系统中，并自动进行查询（图4.10）。

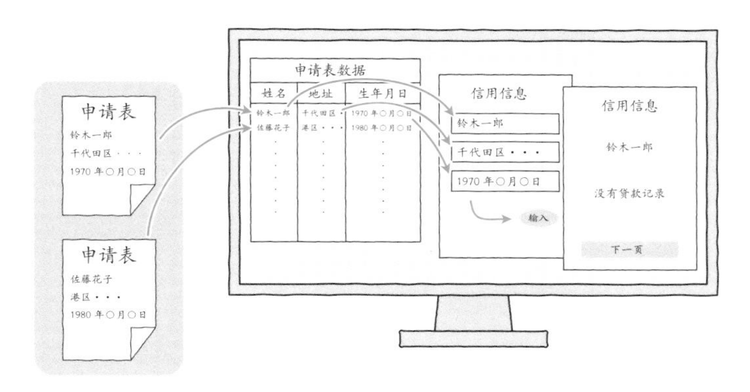

图4.10　复制申请表中的数据

从电子申请表中复制客户姓名、地址、出生日期等信息，并将其粘贴到信用信息系统中，然后单击输入按钮，即可自动操作。不仅要复制数据，还要单击输入按钮。如果是面向消费者提供业务的公司，也需要反复进行这样的操作。

RPA比AI更适合这种特定的机械性常规输入操作。

4.4.5 将AI运用到RPA中

专家称RPA在进化过程中应有三个阶段。目前，只达到了第一个阶段。

在第一阶段，由人定义其自动化操作；在第二阶段，根据之前的实际操作，由RPA自定义操作流程；在第三阶段，结合AI功能，可以进行分析和改进业务，执行更高级的自动化操作。

按照这种进化模式，从第二阶段开始就已经将AI融合到RPA当中了。

例如，将RPA与可以进行画面（图像）识别的AI和可进行语音识别的AI相结合（图4.11）。

图4.11 图像识别与声音识别的协作示例

有两种方法可以识别图像。

一种是在开发RPA机器人文件时识别并记录画面，再使用AI来提高准确性。

另一种是当画面变化时，将AI作为感知器以驱动RPA系统去识别图像。

同上，AI进行语音识别时也是作为感知器。

如果使用其他感知器而无法识别出具体内容时，可以将AI与RPA结合使用。一旦AI“识别”成功，就可以使用RPA（图4.12）。

从“未知”到“已知”，并传达到RPA的这个过程，今后一定会被广泛使用。

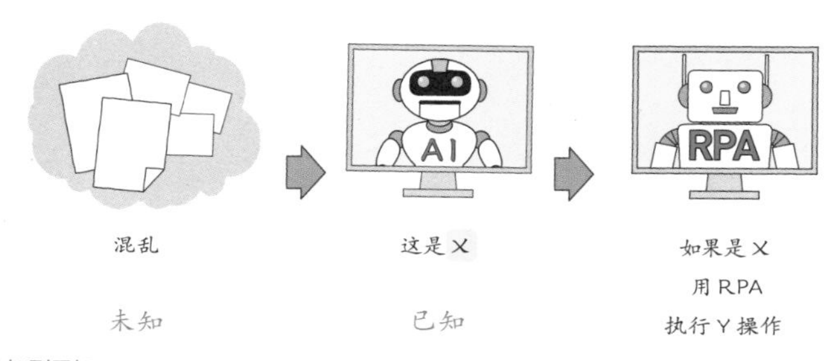

图4.12 从未知到已知

4.4.6 身边的应用示例

我们可以从身边的例子来思考从未知到已知的识别机制。

将带摄像头的电脑放在客厅里，当“爸爸”坐在电脑前时，就会显示爸爸的日程安排。如果在日程安排程序中输入餐馆的名字，那么该餐馆的信息页面将会弹出，比如某美食网站上介绍该餐馆的页面。

人工智能也可以通过相机进行图像识别，或者识别有关某商店的文字信息（图4.13）。

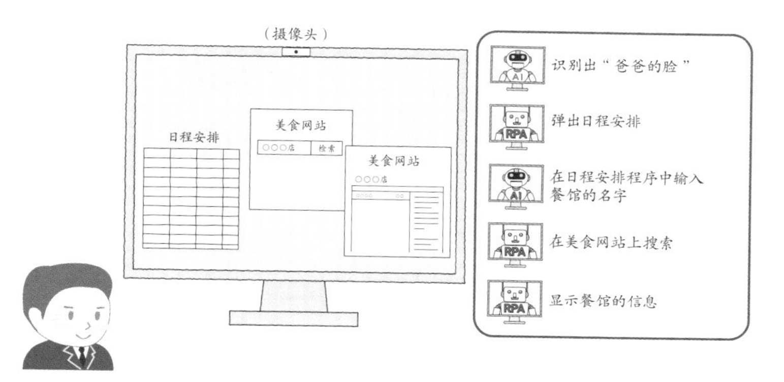

图4.13 识别出某个人后会执行特定操作

除了识别“爸爸”的脸后弹出日程安排之外，还可以通过识别该餐馆的文字信息后，自动在美食网站上进行搜索。这个操作非常实用，因为有些餐馆会不定期地发放优惠券。

RPA的关键在于它可以连接多个应用程序，以便在网站和应用程序上进行搜索。未来，RPA与感应器和AI一起使用，并同时启动多个应用程序，会得到越来越广的运用。

4.5 OCR和RPA

4.5.1 OCR是什么

OCR（Optical Character Recognition / Reader）是一种结合光学原理读取手写或打印文字的扫描仪硬件和可以识别文字并将其转换为数据的软件系统的总称。它实际是一种可以通过扫描仪读取申请表中姓名、邮政编码、地址、电话号码和确认选项等项目，并将其转化为数据的系统（图4.14）。

OCR系统不仅可以使申请表以PDF的格式存档，申请表中的每个项目还可以通过OCR软件转换为数据，并以CSV或其他格式输入到其他系统中。

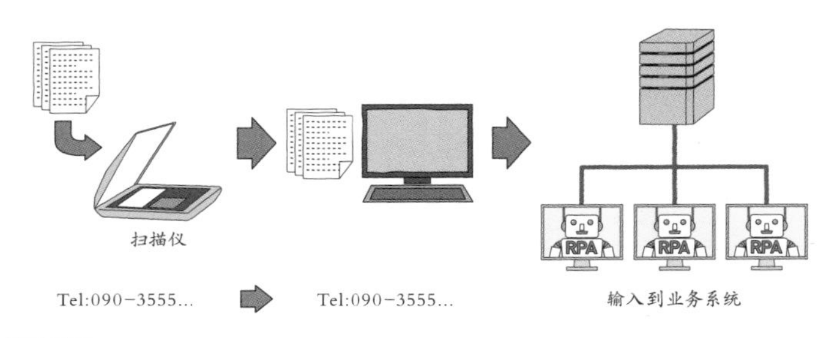

图4.14　系统的结构

扫描仪读取应用程序时，数据会自动输入到系统中。与从人眼识别到手动输入到个人计算机中相比，输入效率更高并且没有错误。但是，需要事先规定先读取的纸张的什么位置以及具体的项目（数据）。

4.5.2 有限的自动化

OCR可以识别手写或打印出来的在特定位置上的文字并将其转换为数据，可以以接近100%的读取率识别方格中的数字。

然而，在矩形框中用汉字填写的姓名和地址等文字的识别率仅为百分之几十。像5或7这样具有多个笔画的数字，很有可能出现5被识别为6、7被识别为1的情况。识别不是在矩形框中填写的文字会更加困难。

此外，像“山口”这样相对简单的文字，如果是难以辨认的笔迹，也不会被很好地识别出来（图4.15）。

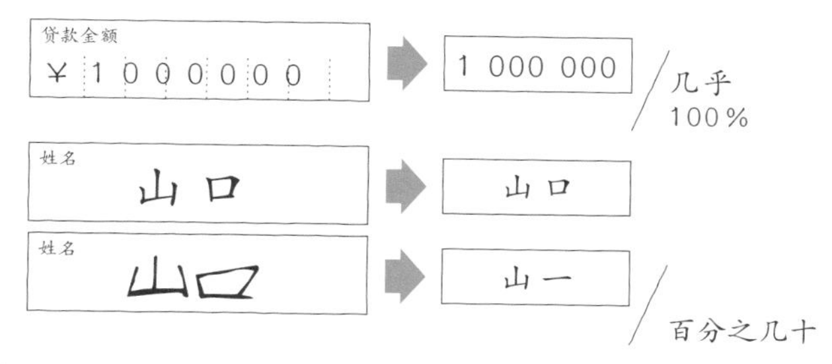

图4.15　识别率100%和百分之几十的区别

4.5.3 OCR和RPA之间的区别

识别文字并将其转换为数据是OCR的独特功能，RPA没有这样的功能。

RPA可以直接处理收集到的数据或者将其转化为其他数据后再进行处理，但不能像OCR那样将图像数据转换为文本数据（图4.16）。

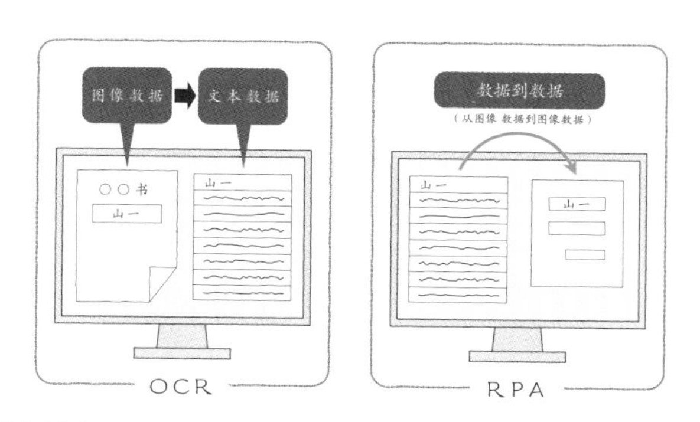

图4.16　OCR可以将图像数据转换为文本数据，而RPA不可以

从OCR接收数据后，RPA的操作也与OCR不同。

目前，将OCR和RPA结合使用成为一大趋势，下一节将详细介绍。

4.5.4 OCR和RPA的共性

OCR和RPA也有一些共同之处，OCR和RPA具有相同的处理对象（图4.17）。

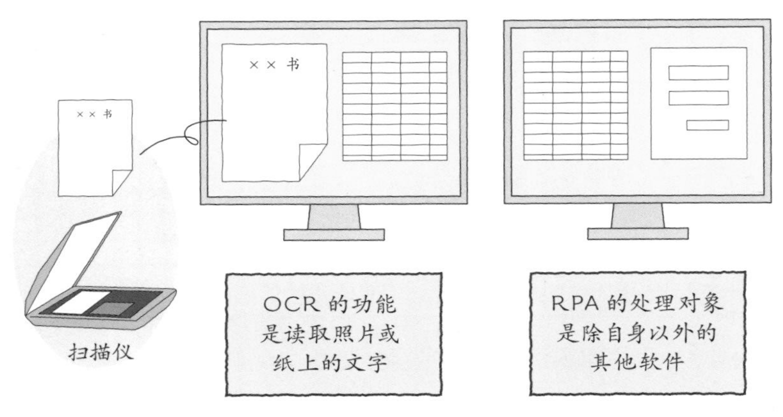

图4.17 RPA与OCR的共同点

RPA的处理对象是软件，OCR的处理对象是纸质文件等。

例如，Word和Excel作为软件可以创建文档和工作表，在企业业务系统中被广泛使用，可以通过输入数据来执行各种操作。

但OCR的功能是读取照片或纸上的文字。同样，如1.1.1小节中定义描述的那样，RPA的处理对象是除自身以外的其他软件。换句话说，RPA必须有其他软件存在才能运行，OCR也必须有文档和图像才能发挥识别功能。

在4.4节中我们介绍了RPA在AI识别结果的基础上执行处理的关系。OCR和RPA之间的关系还需要进一步探讨。

4.6 OCR和RPA的合作

4.6.1 OCR性能

如4.5节所述，OCR不可能识别所有类型的文字。因此，需要事先检查OCR所读取文字的书写是否正确。如果有书写不正确的文字，必须手动修改。因此，在输入的文字较少时，手动输入比OCR识别更快，且不需要再进行后期修改。

但是，如果要输入的文字较多，OCR+手动输入肯定更快。假设要使用OCR输入30个申请表。首先，用扫描仪依次扫描这30个申请表。在OCR界面中，左侧显示的是原始表格，右侧显示的是读取出来的文字。然后检查是否有错误。如果有读取错误的地方，需要手动修改（图4.18）。

虽然需要花费时间去检查，但一个一个地手动输入30个申请表更加麻烦。因此，当要输入很多文字时，"扫描→检查→修改"这三个步骤比"手动输入→检查"这两个步骤要快得多。

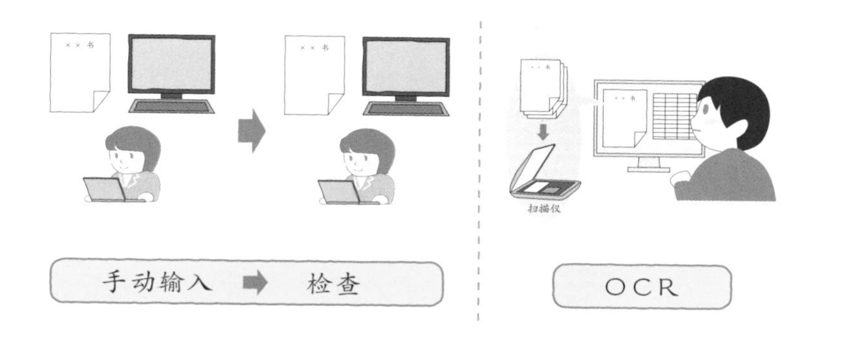

图4.18 "手动输入→检查"与OCR的区别

OCR应用很方便，它支持在同一屏幕上比较图像数据和文本数据。如果未使用OCR，则需要比较原始纸质文件和输入到电脑上的文字。使用OCR时，图像和文字将同时显示在计算机屏幕上。

这本书虽然不讨论运动的话题，但考虑到人体的构造，尤其是当纸张数量非常庞大时，OCR能发挥巨大的作用。

因为在同一个屏幕上左右移动眼睛比左右摆动颈部更容易对焦，因此使用OCR比手动打字更快（图4.19）。

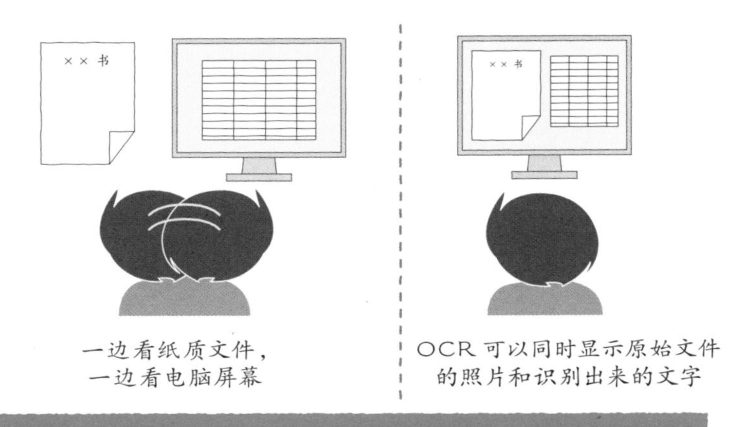

图4.19　从人体构造的角度看OCR效率更高

4.6.2 RPA在OCR中的作用

由于RPA是在接收数据之后才开始运行，可以说OCR是RPA的接力棒，一般在以下两种情况下二者可以结合使用。

①用RPA检查OCR转换并输入到系统中的数据（图4.20）。

检查数值是否在正确的范围内，比如一个特定的日期或一个年龄范围等。

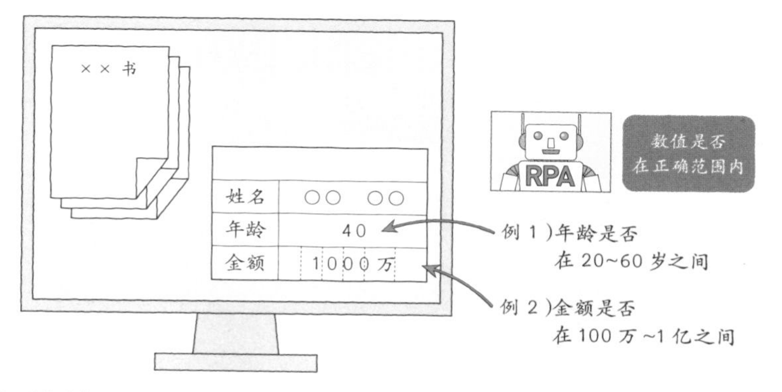

图4.20　确认数值

②将OCR识别并输入到系统中的数据复制到另一个系统中（图4.21）。

自动将OCR识别并输入到系统中的数据复制到另一个系统中。

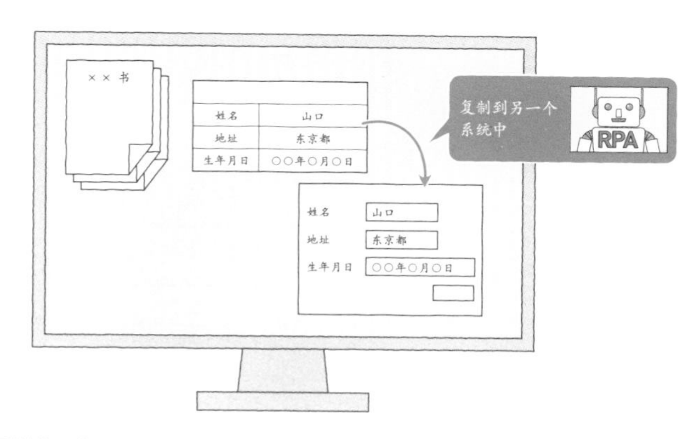

图4.21　复制到其他系统

将来，这样的合作使用将进一步增加。

4.6.3 RPA和AI的合作

以上介绍了OCR和RPA之间的合作。

图4.22为将AI运用到OCR和RPA中的示例，目前一些领先的企业正在进行各种研究和实验。

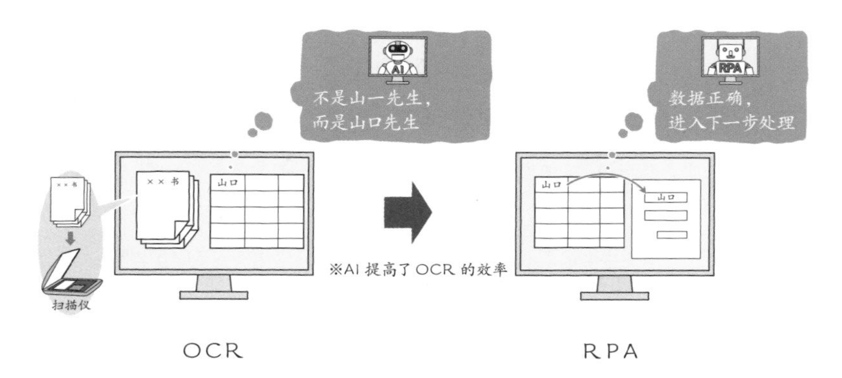

图4.22　OCR、RPA以及AI的合作

“OCR→RPA→AI”的业务流程正在开发中，这样就可以用OCR读取数据，用RPA进行数据处理，并用AI确认是否有误。

图4.22的“OCR→AI→RPA”流程可以进一步提高OCR的识别率，也就是在其中插入一个“识别”程序并将识别结果传给RPA的流程。

4.7 BPMS和RPA

4.7.1 BPMS是什么

BPM（Business Process Management）指的是通过反复分析和改进业务流程来不断改善业务。该系统称为BPMS（Business Process Management System），多用于提供流程报告等，是一个常用的workflow系统。

BPMS具有业务流程和工作流程两个模型。通过注册和设置模型，可以对业务进行分析和改善。

BPMS有以下两个主要特征。

①易于更改流程和数据流

如果想要删除流程中的某个步骤，或修改数据流，可以通过删除和移动模型来轻易更改数据流。在图4.23中，可以在BPMS上直接删除流程C，也可以用鼠标将流程D拖动到G位置上。

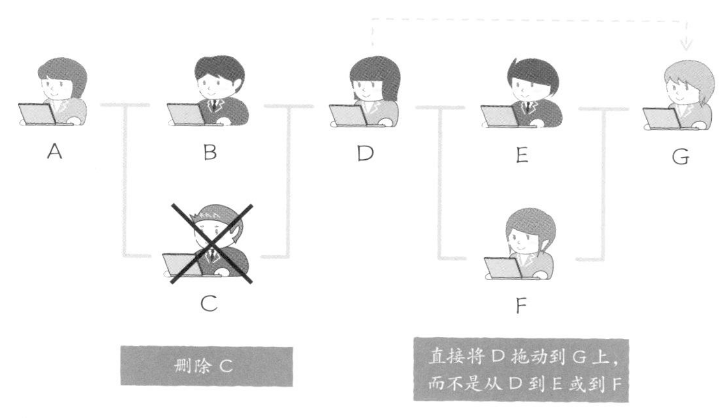

图4.23 删除流程与改变数据流

②自动分析出解决方案

此外，BPMS可以记录处理的量和时间，并提供需要更改的流程的分析结果（图4.24）。比如，根据B为70、C为30这样的具体数值来改进C。

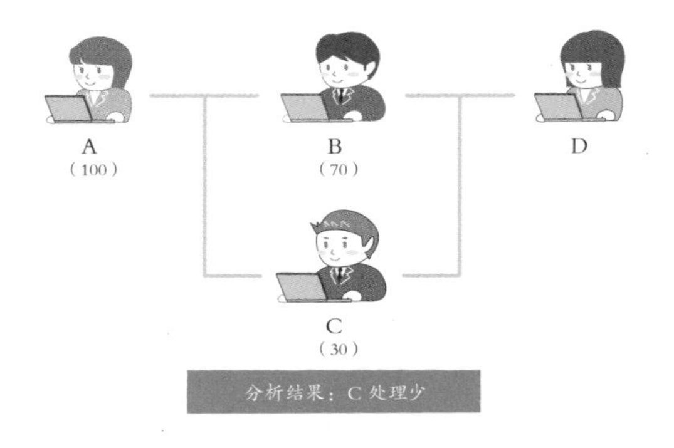

图4.24 自动分析

在一般业务系统中，需要另外开发和添加专用程序来自动计算处理量，而BPMS已经具有这样的内置功能。

4.7.2 RPA与BPMS之间的关系

关于RPA和BPMS之间的关系，最初开发和销售BPMS的供应商是将RPA作为BPMS的补充系统。

用BPMS改进业务流程时，BPMS负责整个流程，RPA负责自动执行相应处理，以替换人工操作。

在企业或单位中，批示文件通常会经由多人之手，最后再传到负责批准的人员手中。而BPMS可以负责整个过程，RPA负责定期检查输入项目。

RPA和BPMS之间的关系如下（图4.25）。

①利用RPA改进BPMS工作流程中的具体操作。

②利用RPA自动执行BPMS工作流程之外的操作，如数据输入等。

图4.25　BPMS和RPA合作处理的两个例子

将BPMS和RPA相结合，可达到前所未有的自主改善业务的效果。

BPMS不但可以负责管理人的工作流程，也可以在有的产品中添加机器人（如RPA）以从整体业务管理的角度来实现人和机器人的共存。

4.8 EUC和RPA

4.8.1 EUC是什么

EUC是End User Computing的缩写，指的是使用者自行开发系统和软件。

用户自己开发和运行小型应用程序作为业务系统的子系统，而不是整个部门使用的系统。

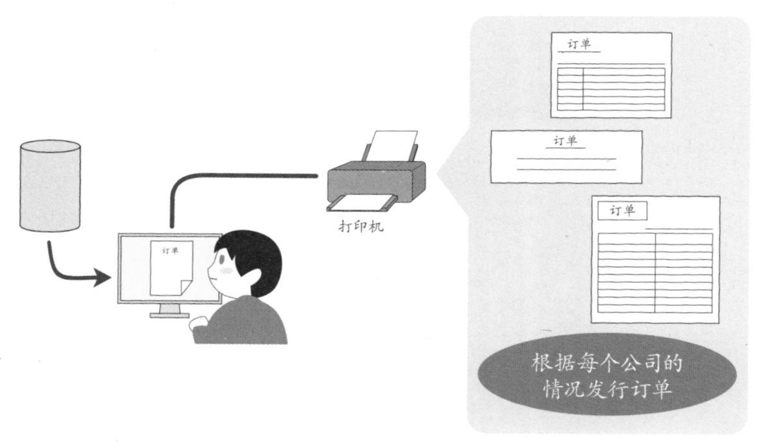

图4.26　运用EUC的例子：发行订单

有很多如图4.26运用EUC的例子，即在更改文档页面布局时，需要每次都咨询信息系统部门的负责人或致电IT供应商进行更改。这时使用EUC可以提高效率。

那么为什么在引进RPA时要提到EUC呢？这是因为有人认为可以让用户也参与到程序编写中来。的确，如果让负责和监督这项工作的人员也参与到编程中，可以提高程序的准确性。

4.8.2 我的EUC

EUC指的是用户自行开发和操作系统或业务的应用程序。因此，RPA和EUC是两个不同的运行模式。

笔者现在管理着很多顾问和工程师，在工作中经常使用业务管理系统以及项目运行监督系统。除此之外似乎不需要其他系统。

但是，这些系统并不能用于对员工的绩效评估。因此需要建立绩效评估系统（Performance Evaluation System，简称PES），用于对员工进行绩效评估。

用PES进行评估，再将评估结果反馈给各部门系统。

PES是用Access开发出的程序，由项目评估、特殊的个人活动、技能和反馈管理等构成。

通过EUC的方式，可以将编写的程序运用到员工评估的业务流程中。

4.8.3 RPA只是一种工具

RPA不能直接进行以上介绍到的EUC编程。

在1.1.1小节中，RPA被定义为以其他软件为处理对象、自动执行已定义程序的工具。由于RPA仅仅是一种工具，它不能进行EUC编写应用程序，也不支持用户自行编写和运行程序，而是用来替代一部分简单的人工操作（图4.27）。

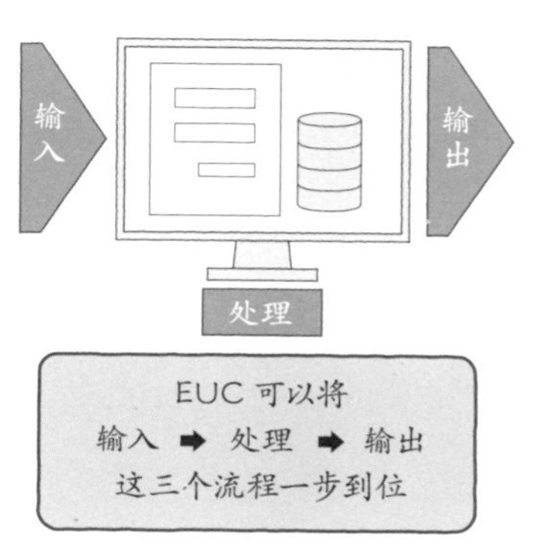

图4.27 EUC可以一步到位，RPA不能

上面提到的书面申请的系统和PES都不能被RPA所代替。

在实际运用中，虽然使用Excel或Access进行开发更有效、成本更低。但是，今后由用户自己来编写机器人程序的情况应该会越来越普遍。

4.9 物联网机器人

4.9.1 物联网机器人是什么

目前的机器人热潮被称为第三波机器人热潮。第三波机器人热潮顺应了当前时代的潮流，称为物联网机器人时代，比如近年来流行的AI扬声器等。

在这里，物联网机器人不是在工厂中装配和焊接而成的工业机器人，而是一种具有通信功能的机器人，如软银开发的“pepper”和索尼新开发的“aibo”，近年来已成为热门话题。

顺便说一句，第一波机器人热潮是指20世纪80年代大量生产用于工业生产的机器人，第二波机器人热潮是在2000年前后，如本田的ASIMO和索尼的AIBO（即现在的aibo）都是那个时候的产物。

笔者自21世纪初的第二波机器人热潮开始就参与到了机器人的相关业务中。当时的机器人具有当移动的物体进入到机器人的视野（图像发生变化）时，可以发送电子邮件到设定的地址等功能，还可以进行简单的问候。此外，第二波机器人热潮时生产的很多机器人不仅具备各种传感器，而且还可以连接因特网。

因此，可以说第三波机器人热潮中开发出的机器人原型是以第二波机器人热潮为基础完成的。

4.9.2 物联网机器人的功能

第三波热潮的机器人与第二波热潮的机器人相比，在以下方面的性能大大地提高了。

- 沟通。
- 从掌握输入进来的信息到输出时的反映。
- 语音识别、图像识别等设备和软件。

第三波机器人除了具有机器人的共同特征，其配备的通信功能可以直接链接互联网，以实现万物互联。简而言之，就是通过输入、控制和输出的流程来执行操作。接下来详细说明每个流程。

◉ 输入流程

通过可以识别语音和图像的各种传感器，感知人、物以及事件的变化。

我们可以将输入流程理解为传感器捕获信息，比如接收图像和音频等外部信息（图4.28）。

图4.28　输入的例子

◉ 控制和输出

控制和输出就是根据输入流程获得的信息，执行相应的操作。下面分别通过接收音频和识别图像的简单例子进行介绍（图4.29）。

<麦克风和语音识别的例子>

- 机器人内部的麦克风获取声音（输入）;
- 识别到“你好”;
- 再将“你好”反馈给麦克风。

<相机示例>

- 一旦图像发生改变（输入）;
- 开始录制。

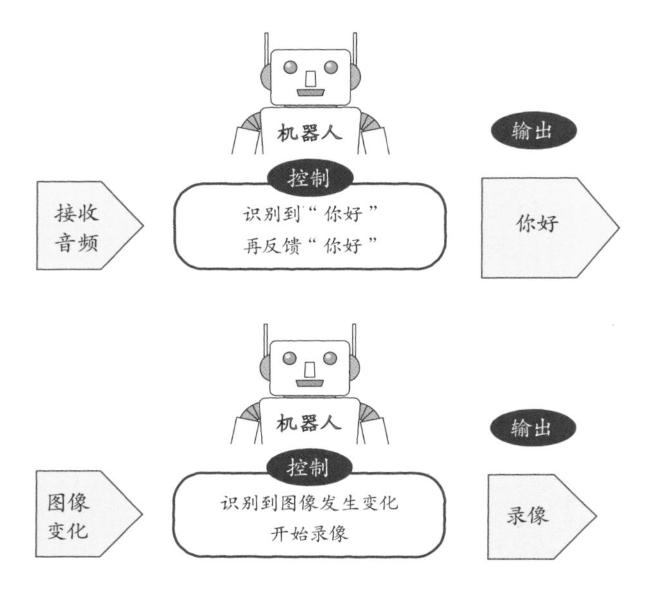

图4.29　控制和输出的例子

由此可以看到，物联网机器人是In Case和if语句的庞大集合体。

4.9.3 物联网机器人与RPA之间的共同点

RPA也具有自动运行的功能，即所谓的机器人功能。

第5章将详细介绍RPA的软件性能。如果将RPA设计为与物联网机器人输入相同的事件驱动型，也可以进行各种处理和操作。例如在4.4.6小节中介绍的当父亲坐在电脑前时，RPA自动执行处理的例子，就是事件驱动型。

如果在RPA内部安装各种传感器和识别装置，它的使用范围会进一步扩大。这样的做法同样也适用于物联网机器人以及与物联网机器人具有相同功能的AI扬声器。因为目前物联网机器人和AI扬声器很少用于内部业务流程中。

"如何将它们运用到业务流程中呢？"有了这样的疑问，就会产生很多想法。例如，对计算机说"请发订单900500"，计算机就会通过麦克风识别语音，然后将ID为900500的当月订单发给该客户（图4.30）。

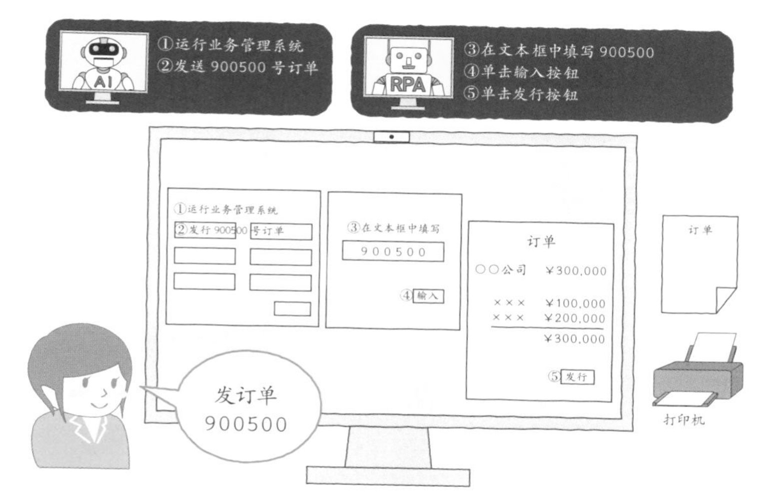

4.30　语音识别驱动程序

计算机虽然不像物联网机器人或AI扬声器那样有趣、可爱，但它与语音识别系统结合使用，也是非常方便的。

4.10 实现业务自动化

4.10.1 各种技术组合

在之前的章节中，我们已经介绍了与RPA类似的技术，例如Excel宏、AI、BPM、OCR、EUC和物联网机器人等，其中很多技术也是在自动化办公中不可或缺的。

虽然本书主要介绍RPA的相关内容，但在办公环境不断创新的过程中，需要将上述技术结合起来使用。当然，也可以开发更多新的系统。

4.10.2 应用领域的差异

如2.6节所述，当RPA与其他技术结合时，将会发挥巨大的作用。要想实现业务自动化时，不应该仅使用RPA，而是从各种技术中客观选择合适的软件。

在之前的每节中我们都会提到，每种技术的使用范围是不同的，如图4.31所示。

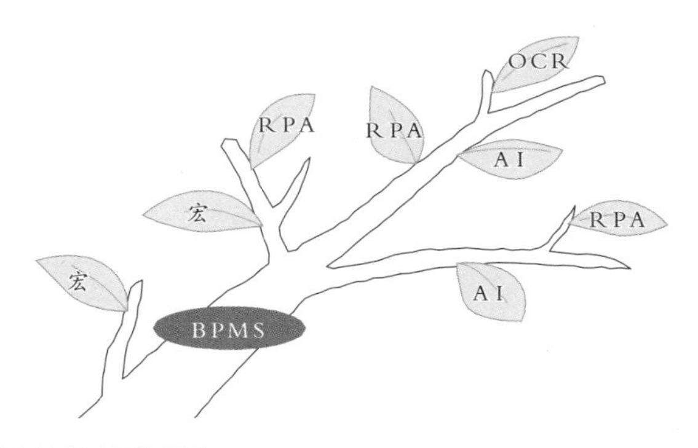

图4.31　适用范围不同：树叶与枝干的区别

OCR可以进行自动输入，所以它的使用范围是明确的。

我们可以将Excel宏、AI和RPA看成叶子，它们像“点”一样可以运用到各个系统中。

BPMS是树干和树枝上的“线”，使用BPMS可以很容易地改变树干和树枝的形状。虽然改变真的植物的形状很困难，但BPMS能轻易做到。

4.10.3 自动化模型

在本章的最后，让我们看一个自动化办公的模型。

在图4.32中，介绍了各种技术的结合使用。

- OCR：数据输入。
- 宏：辅助RPA和AI处理（整理和提取数据等）。
- RPA：数据输入和核对。
- AI：在原始数据的基础上进行判断、识别。
- BPMS：控制工作流程，高效分配人力资源和灵活调配RPA。

以合理的方式将各种技术结合使用时，办公效率会大大提高。事实上，一些业务已经如图4.32所示的那样进行改革了。

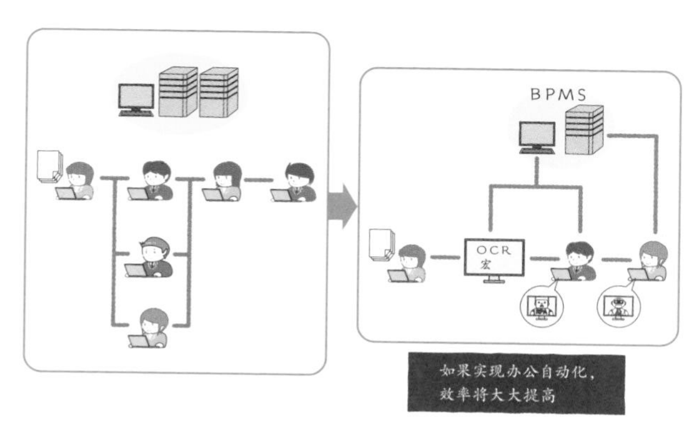

图4.32 自动化模型

到目前为止，已经介绍了各种自动化技术，而将系统的设计和开发进行更具体的调整就是编程。

要想使用RPA和一些配套技术，开发出一个前所未有的独特系统，其关键是要客观地评估和理解各种技术，并充分运用它们。

专栏 · COLUMN

如何让RPA走向寻常百姓家

虽然人工智能现在已经是妇孺皆知，但RPA这个词到目前为止还没有走向寻常百姓家。

AI不仅可以运用在Windows计算机上，还可以用在家用电器和手机等各种设备上。而前面介绍的OCR等技术，虽然使用起来很方便，但仅限于在商业环境中使用。所以老百姓对OCR应该是不太了解的。

出生于20世纪80年代和90年代并在互联网成为常态的环境中长大的一代人被称为千禧一代。为了进一步普及RPA，千禧一代的支持至关重要。

为此，需要在智能手机（如iPhone和Android系统）上运行RPA。如果大学生甚至高中生可以在智能手机上使用RPA，它将立即成为主流软件。

目前销售的所有RPA软件都可以与Windows兼容，可用于服务器和Linux版本。但是，目前为止（2018年6月）还没有出现任何适用于iPhone或Android的版本。

RDA（Robotic Desktop Automation）这个词想必大家有所耳闻，但至今还没有出现过Robotic Smartphone Automation（RSA）和Robotic Gadget Automation（RGA）。如果能开发出这两种软件，一定会获得广泛好评。

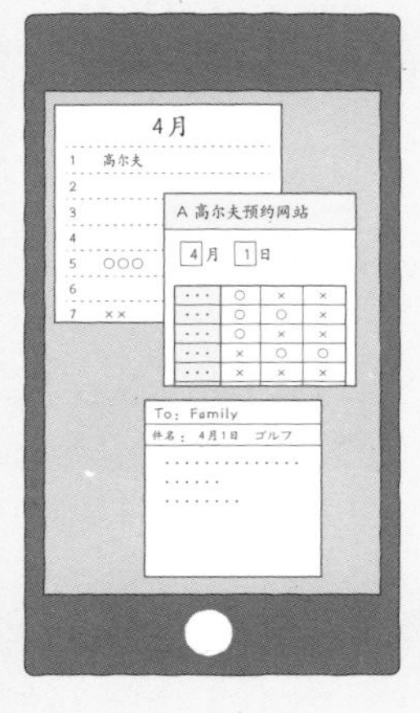

图4.33　在智能手机上运用RPA的例子

第5章

RPA的软件特性

5.1 将RPA定位为软件

我们可以将软件分为三个组成要素：OS（Operating System）、中间件和应用程序。

OS起着在应用程序与中间件、硬件之间提供各种接口和管理硬件的作用，中间件在OS与应用程序之间，具备OS的扩展功能和一些与应用程序相同的功能。

RPA不是OS，那么它究竟是中间件还是应用程序呢？

5.1.1 软件的三要素

图5.1展示了软件的三个组成要素：OS、中间件和应用程序。最下面是硬件，最近流行的中间件是DBMS和Web服务器。

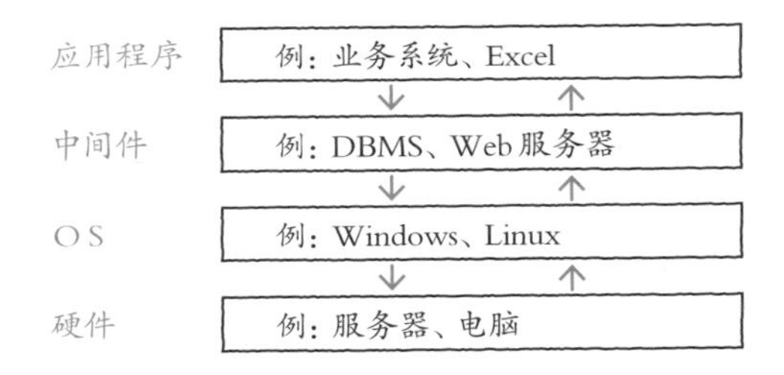

图5.1　软件的构造

5.1.2 RPA在软件结构中的定位

如果把RPA放在图5.1中，应该放在什么地方呢？我们很快就会发现RPA既不是OS，也不是中间件，因为它不能放在OS和应用程序之间。

虽然RPA是其中一个应用程序，但实际上它通过连接各种数据和流程，可以将业务系统和OA工具等应用程序连接起来（图5.2）。

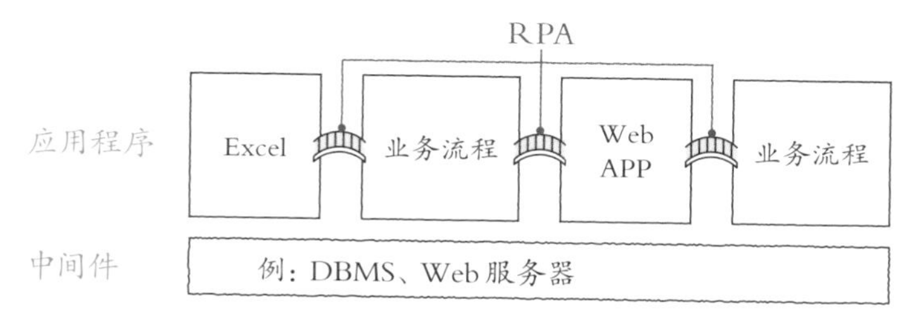

图5.2　RPA的定位

RPA就像一座桥梁，起着“连接”的作用。中间件是垂直方向上连接各个应用程序的桥梁，而RPA是水平方向上连接应用程序的桥梁。

从这个角度来看，RPA虽然是一个应用程序，却是独一无二的。

5.1.3 RPA不是一种编程语言

值得注意的是，在编写构成应用程序的可执行程序文件时，需要使用Visual Basic、C#、Java、C语言以及COBOL等编程语言。

每个RPA产品都有自己的开发环境。虽然也涉及机器人文件的编写，但它并非一种编程语言。RPA的开发过程是设置和选择的过程，而不是编写代码。

5.2 RPA的功能

5.2.1 RPA的三大功能

在第1章中介绍了RPA的定义和软件的物理配置，接下来介绍RPA的功能。

RPA主要具有以下三个功能。

- **定义：定义机器人处理；**
- **执行：执行已定义的处理；**
- **操作管理：机器人操作状态、获取执行结果、日志和流程管理。**

总之，RPA的功能是“定义・执行・操作管理”。

5.2.2 功能和物理配置

图5.3显示了RPA的功能和物理配置。

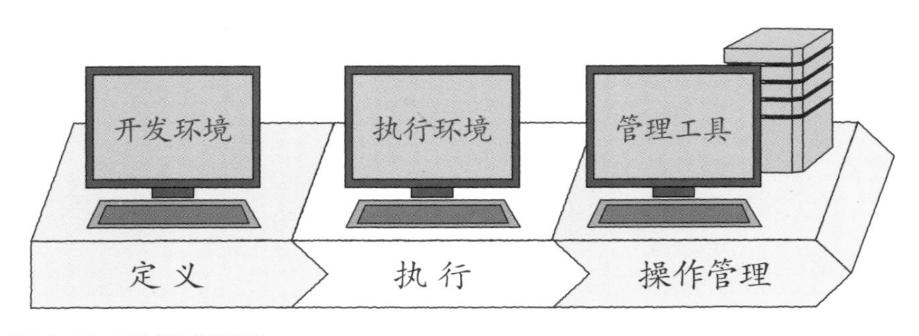

图5.3　RPA的功能和物理配置

图5.3显示了在开发环境中定义的机器人文件，在执行环境中自动执行并由管理工具管理的构造图。

到此，已经介绍了RPA的定义（1.1.1小节）、物理配置（1.3节）以及全部功能。

5.3 RPA软件的初始界面

5.3.1 RPA初始界面

第一次使用RPA软件时看到的是定义处理的界面，与面向对象编程语言的开发环境是相同的界面，并不是应用程序或像Word那样的简单界面。

初始界面是编程界面，但RPA软件产品的各个窗口界面几乎是相同的，如图5.4所示。

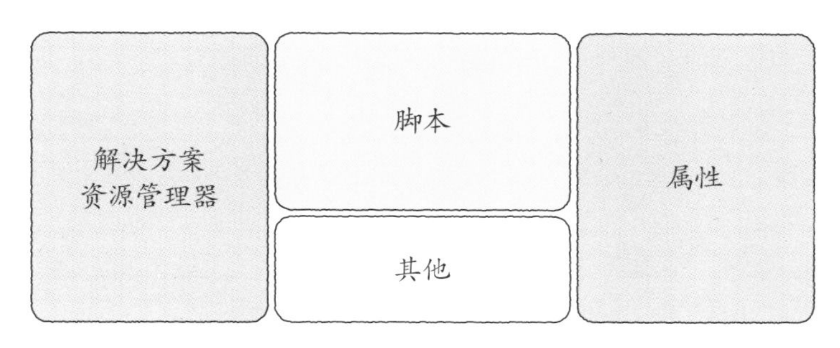

图5.4　RPA的初始界面

RPA的初始界面主要包括以下3部分。

- **脚本；**
- **解决方案资源管理器（显示各程序之间的关系等）；**
- **属性。**

此外，还有object-c界面和调试界面，基本上是面向对象的界面。

当然，更改每个窗口的位置也很容易。在默认情况下，各窗口位于中心位置，解决方案资源管理器、属性等位于左侧和右侧。有的产品的变量和object-c位于下方。如果对编程比较熟悉的话，可以看一下Visual Studio的界面作为参考（图5.5）。

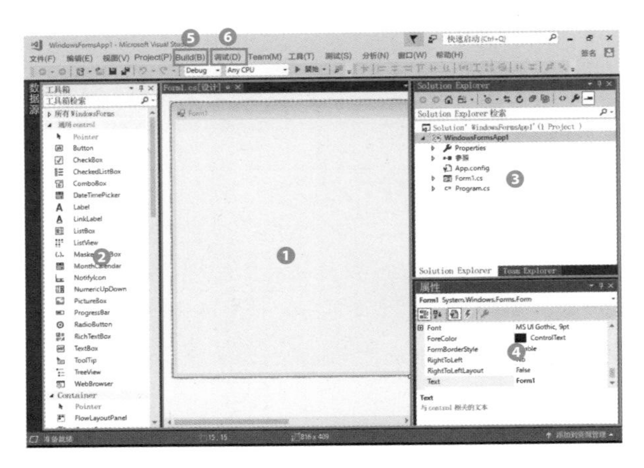

图5.5　Visual Studio2017的初始界面

Visual Studio中间有一个设计窗口（①），左侧是工具箱（②），右侧是解决方案资源管理器（③）和属性面板（④）。每个窗口的位置和大小都可以根据开发人员的偏好进行更改。

顶部菜单中有“构建”（⑤）和“调试”（⑥）两个菜单，包含了执行文件“构建”生成并通过“调试”验证的相关命令。RPA软件也具有相同的功能。

5.3.2 初始界面的差异

如果定义了一个对象，屏幕上将会出现图5.6的流程图，以显示整个机器人场景。流程图的形状因产品而异，有矩形、多边形和圆角矩形等。

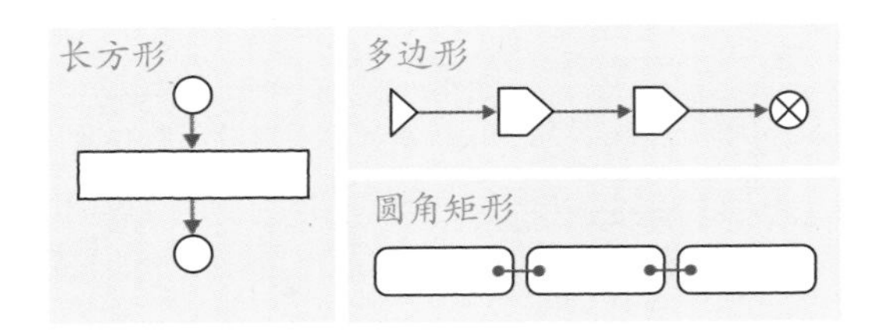

图5.6　流程图

5.4 现有应用程序与RPA的关系

5.4.1 连接多个应用程序

RPA以除自身外的应用程序未处理对象执行操作。例如，假设要将客户的数据从应用程序A复制到应用程序B。

操作员通过点击鼠标，即可执行将数据从一个业务系统复制到另一个业务系统的操作。数据会原封不动地被复制和输入到业务系统中。

如果在复制姓名和电话号码等信息后，发现业务系统上已经存在该客户的信息时，则自动进行数据核对工作。

5.4.2 连接等同于移动数据

这里的“连接”等同于在计算机上复制和粘贴数据（图5.7）。

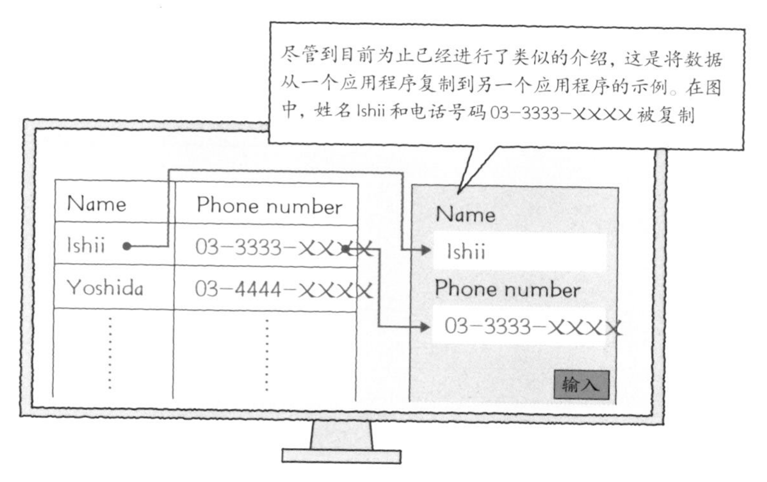

图5.7 数据移动示例

这种数据移动的操作对于了解RPA的结构非常重要，主要有以下几种类型。

◉ 与数据库连接的类型

在数据库存储移动数据。更确切地说，是将复制的数据存储在数据库中，在粘贴时从数据库中提取（图5.8）。

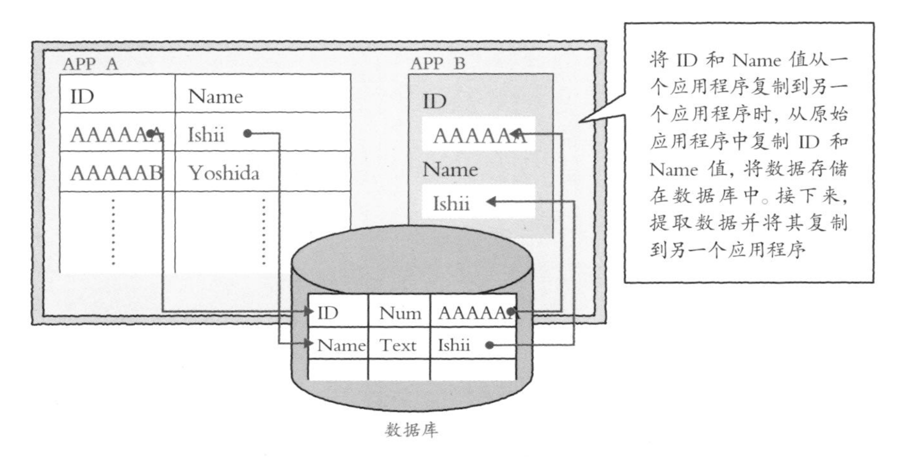

图5.8　连接数据库

以上面提到的姓名和电话号码为例，命名为name、phone number等，以区分各种数据类型和主键设置。

有些类型的数据有自己的数据库，也有的类型使用Microsoft SQL Server、Oracle等。对于前一种类型，开发人员会标明变量，而无须建立数据库。对于后者则需要建立数据库。

就像在数据库中定义各种数据一样，也可以在RPA中进行定义，如表5.1所示。

表5.1 定义变量属性的例子

Name	Type	Database Key
ID	Number	✓
Name	Text	
Zip code	Number	
Address	Text	
Phone Number	Number	

◉ 用定义体连接的类型

这是一种在应用程序之间移动数据时，通过建立定义体（如专用界面或定义文件），像器皿一样临时接收数据的类型（图5.9）。

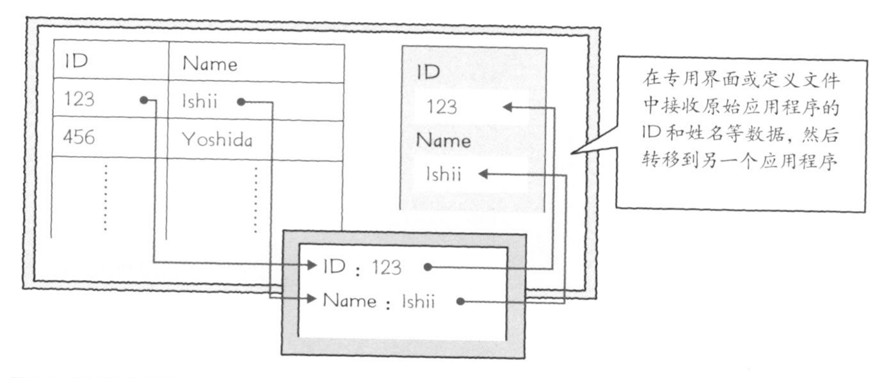

图5.9 用定义体连接

◉ 通过复制和粘贴连接的类型

对于操作员来说，肯定不希望一次性复制大量的数据。在这种想法的基础上，只需单击鼠标即可进行复制粘贴，无须建立数据库和专用的定义体（图5.10）。可以安装在计算机上的RDA产品也有这样的功能。

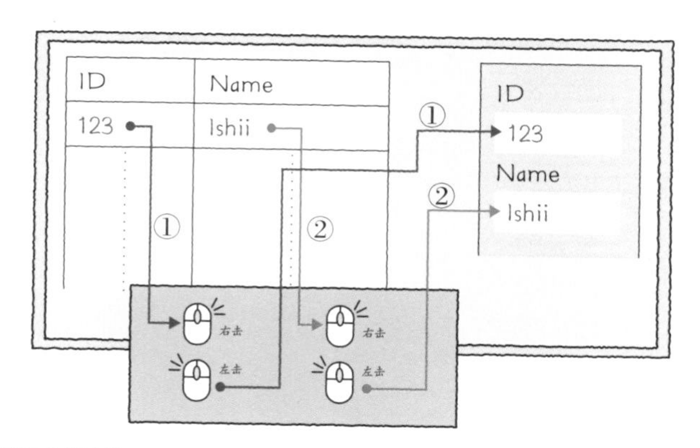

图5.10 通过复制和粘贴连接

5.4.3 每种类型的适用范围

与数据库连接的类型适用于大量数据的输入和核对操作，也适用于需要处理大量数据的业务。

用定义体连接的类型是一种定义方式。对于具有Windows应用程序编程经验的人来说，这种类型比较好操作。可以像编写Windows应用程序一样开发机器人文件，而不是开发机器人。

通过复制粘贴连接的类型则适用于个人计算机或小型业务。

5.5 执行时间

对于任何系统或软件，都要仔细考虑执行的时间，RPA机器人文件主要有三个执行时间。

5.5.1 人工操控

由人发出执行指令。例如，用计算机完成工作后，由操作员控制机器人文件的执行。这可以称为人为驱动。

在业务流程中实际上是按照以下流程工作的（图5.11）。

①A完成数据录入工作；

②机器人文件核对数据；

③B执行后一项输入工作。

当A完成输入工作时，A负责操控机器人文件。机器人文件开始执行。再由B确认机器人文件已处理完毕。

图5.11 人工操控

5.5.2 调度器操控

在进程调度器中，需要提前规定一定的操作时间和间隔来执行处理。主要有三种类型。

- **使用Windows任务计划程序进行设置。**
- **使用机器人文件进行设置。**
- **使用管理工具进行设置。**

◉ 设置任务计划程序

在Windows控制面板的管理工具中，包含任务调度程序，在这里可以设定机器人文件的操作时间（图5.12）。

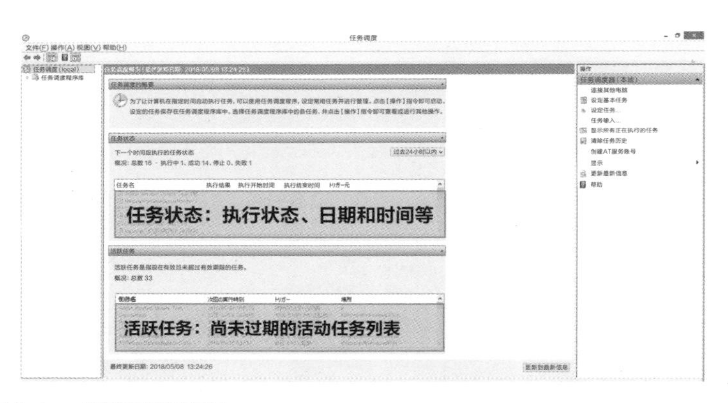

图5.12　Windows任务调度程序界面

◉ 用机器人文件设置

用机器人文件可以设置时间，这适用于没有安装管理工具的RDA软件。

如果用它在计算机上执行常规操作，还需要与其他软件兼容。因此建议使用任务计划程序进行设置。

◉ 用管理工具设置

安装了管理工具的RPA软件，基本上是用管理工具进行设置的。我们可以在第10章中看到管理工具的示例图，界面直观且易于使用。

虽然各产品的具体界面有所不同，但是用于调度机器人文件的设置过程和方法一般是相同的。

在人工操控的情况中，因为是由系统管理员或开发人员设置调度程序，这也可以称为系统管理员或开发人员操控RPA的执行。

5.5.3 事件驱动

事件驱动指的是由于发生某个事件而启动机器人文件的执行。例如，在打开或关闭某个窗口时，或者在更新数据时，启动机器人文件运行。

事件驱动与人工操控、调度器操控，很难说究竟是哪个在控制RPA的执行。通常要根据实际的操作流程和需要进行何种处理，来选择相应的操控方式。

专栏 · COLUMN

数据驱动与RPA

近年来，利用大数据进行分析的需求越来越多。有些人可能想知道数据驱动和RPA之间有什么样的关系。

由于现有的RPA产品不具备收集和分析数据的功能，因此还没有实现数据驱动。当然，通过分析与RPA操作日志相关的人工操作日志，让RPA可以辅助人工操作的研究也在进行当中。

此外，一些RPA产品还可以与AI结合使用。可以通过分析AI收集到的数据，将分析结果作为启动机器人文件执行的触发器。

不过总体来说，目前还未实现数据驱动。

5.6 数据处理

之前用了两个应用程序的例子说明了RPA是如何保存数据的。接下来将从数据处理的角度进一步进行说明。

数据处理的对象包括从外部应用程序获得的外部数据，以及RPA本身保存的内部数据。

5.6.1 外部数据

外部数据指的是，读取应用程序文件时获取的数据，或者是为了在应用程序之间传递数据，通过剪切和粘贴临时保存的数据等。

有些产品有自己的数据库，有的产品则使用数据库软件（如Microsoft SQL Server和Oracle）来提高海量数据处理和输入、输出的效率。

与数据库连接时，主要通过管理工具进行连接。由于从一开始就定义了结构化数据，因此RPA比较擅长这种处理。

5.6.2 内部数据

典型的内部数据是机器人文件操作日志数据，可以获取执行目标、执行过程、时间戳、Yes / No等各种信息。

日志数据在执行后，用于分析是否存在错误，占据十分重要的地位。日志数据分为两种类型：一种是物理存储在与机器人文件相同的终端上，一种是存储在服务器的管理工具里（图5.13）。可以通过专用的Viewer查看它们。一般情况下，如果不停地收集日志，磁盘空间会不够用。对于这种日志数据可以提前设置存储条件。

除日志数据外，内部数据还包括管理工具存储的计划表和用户管理的相关表格。RDA会将日志数据保存在终端上，而RPA会将日志数据保存在管理工具中。

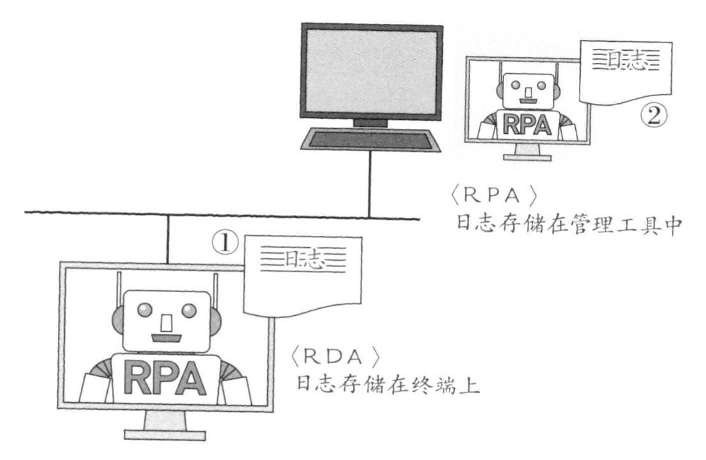

图5.13　日志的两种存储方式

5.7 识别Windows界面对象的技术

识别构成Windows界面的对象主要有三种方法和技术。

5.7.1 属性法

这是一种分析和识别构成Windows界面的对象，以及Web应用程序的HTML和描述页面布局、设计的样式表（Cascading StyleSheets）的方法（图5.14）。

在实际开发中，选择并识别已在RPA开发环境中定义和注册的“Web应用程序”等对象的模式。

在定义期间加载对象时，就会自动识别出来。

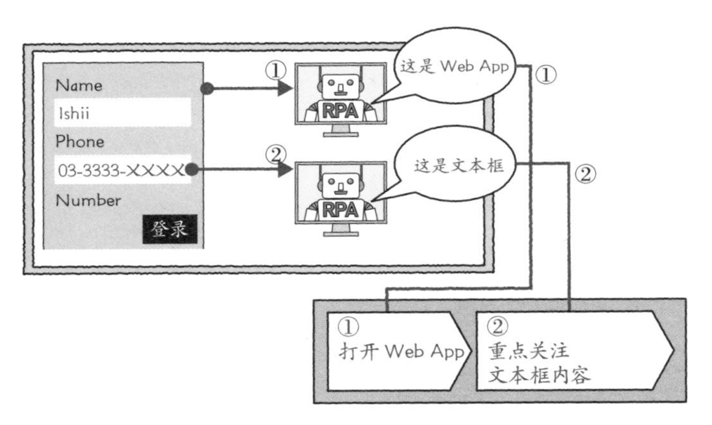

图5.14 属性法的步骤

5.7.2 图像法

这是一种通过将字符串、图像与操作界面进行比较来识别对象的方法。因为这种方法适用于任何应用程序的结构，可用性很广，但速度较慢。图5.15为通过对比图像来识别的图像法。

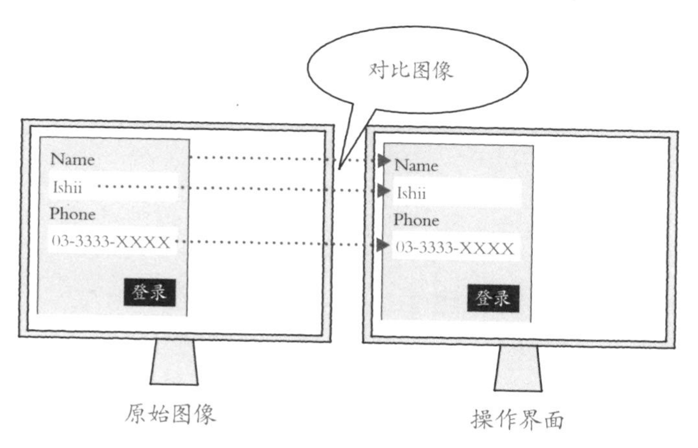

图5.15　图像法

5.7.3 坐标法

这是一种通过界面上的坐标位置识别的方法。坐标法可用于各种应用程序中，但如果更改了界面的设计或布局，则需要更改坐标（图5.16）。

识别并记录目标对象在X和Y坐标中的位置。

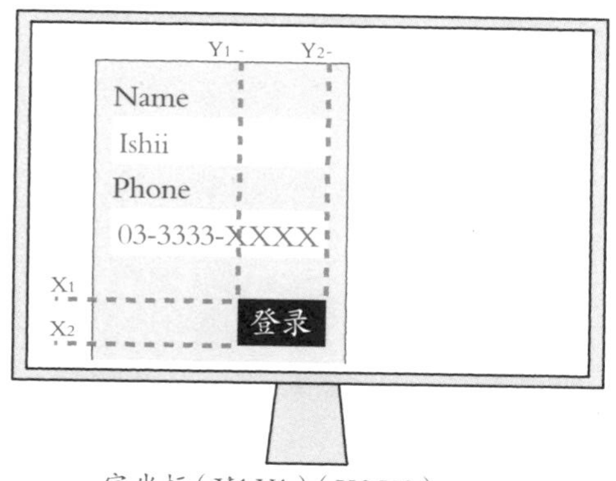

定坐标（X1,Y1）、（X2,Y2）

图5.16　坐标法

5.8 创建可执行文件

5.8.1 在一般的应用程序开发中创建可执行文件

在一般的应用程序开发中，转译使用编程语言创建的源文件，由于转译后会生成翻译成机器语言的目标文件，需要通过链接程序库来创建可执行文件。简单来说，创建可执行文件需要先创建并保存源代码，然后编译和连接程序库。

如果使用Windows系统，现在一般是加载并调用可使用其他文件功能的DLL（Dynamic Link Library）来创建可执行文件（图5.17）。

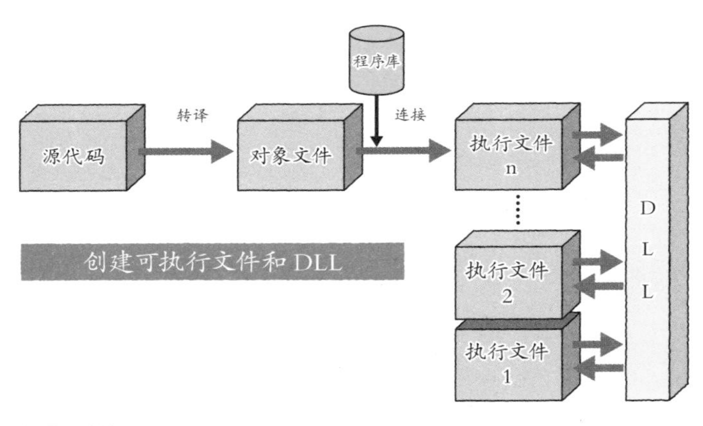

图5.17　创建可执行文件和DLL

5.8.2 创建RPA可执行文件

在本书中，RPA可执行文件称为机器人文件。RPA在创建机器人文件时不用转译。

从创建目标文件到连接到执行环境中的程序库，都不需要进行转译。换句话说，创建RPA可执行文件是在封闭的RPA软件环境中执行的（图5.18）。

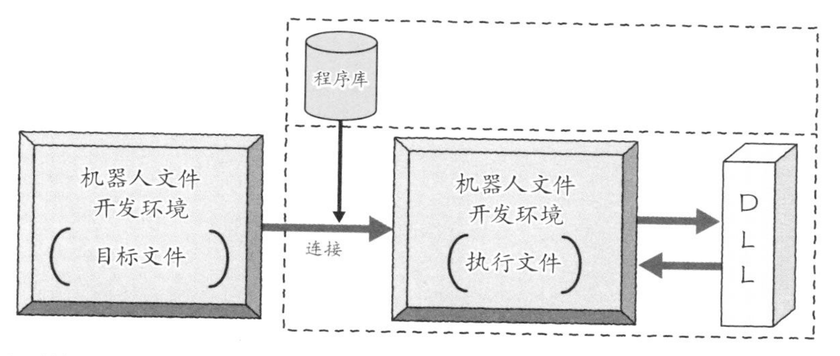

图5.18　创建RPA可执行文件

由于RPA的可执行文件结构简单，即使没有任何编程语言或系统开发经验，也可以进行创建。图5.19是整个创建的过程。

图5.19　创建过程

5.9 RPA软件·转义序列

RPA软件的转义序列有两种：一种按照管理工具的指示，一种是像RDA那样在计算机上自动运行（图5.20）。

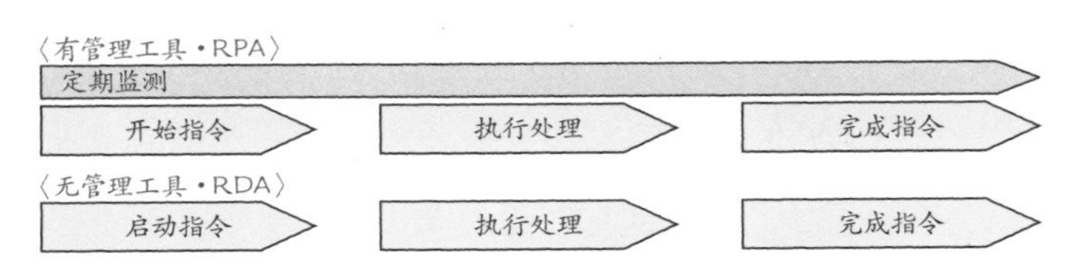

图5.20　转义序列图

接下介绍来转义序列的每一个步骤。

◉ 机器人设置

尽管在图5.20中未标出机器人设置，但在处理之前必须进行机器人设置。有像RDA那样在终端上安装的形式，也有由管理工具进行设置的形式。

◉ 开始指令/启动指令

根据服务器上管理工具的启动指令执行处理，或者在电脑上自动执行，也有事件驱动型启动模式。

◉ 处理执行

执行机器人文件中定义的程序。

◉ 完成指令

RPA由管理工具接收完成指令，RDA由计算机发送完成指令。

◉ 定期监测

定期监控运行状态和完成处理的情况。

第 6 章

机器人开发

6.1 开发机器人文件

6.1.1 编写程序的基础知识

开发机器人文件与编写程序基本上没有任何区别。开发机器人文件也就是对RPA的处理对象定义执行何种处理。

不过如5.8节所述，开发机器人文件不用像编程一样编写代码，只需要记录在目标对象上的设置和操作即可。简单来说，就是一系列设置的过程。

6.1.2 运行前的准备工作

机器人文件运行前的准备工作与程序开发的步骤基本相同，如图6.1所示。不过，RPA的最后一步是设置管理工具。

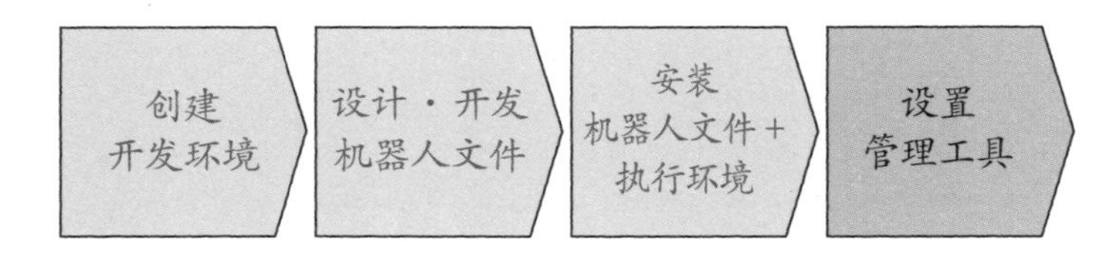

图6.1 机器人文件运行前的准备工作

◉ 创建开发环境

每个RPA产品都有独特的开发环境。一般情况下，开发环境的终端与执行处理的终端是分开的。

◉ 设计和开发机器人文件

在开发环境中进行机器人文件的开发，有三种主要类型的机器人文件（详见6.2节）。还可以使用调试功能检查操作是否正确。

◉ 安装机器人文件和执行环境

在运行机器人文件的计算机或服务器上，安装机器人文件和设定专门的运行时间的执行环境。

◉ 设置管理工具

RPA是根据管理工具的指令执行机器人文件的。因此，需要设置管理工具的运行时间和计划。创建开发环境以及安装可执行文件和执行环境与正常的程序开发没有显著差异，不同之处在于需要对管理工具进行设置。

专栏 · COLUMN

需要会编程吗

●并不需要具备编程技能

是否需要编程技能和系统开发的经验呢？答案是否定的。当然，有经验的人会更快入门，也能更快理解。因为RPA产品基本上是对象类型，所以并不需要掌握编程语言知识。

●需要有结构化思维

RPA是一种以规则为基础的工具，即根据业务操作中的规则，定义和执行机器人程序。

主要有以下几个步骤。

- **查找规则；**
- **确认规则的详细信息；**
- **在机器人文件中定义已确认的规则。**

实际上，定义的目的是为了让计算机用RPA软件进行处理，因此定义本身必须与计算机的规则相同。

重要的是按照一定的顺序、条件重复定义规则。

6.2 机器人开发类型

机器人文件开发是RPA系统开发的核心之一。

定义机器人的操作也称为创建机器人场景。以下将机器人开发称为机器人场景创建。

场景创建有三种方法。

6.2.1 屏幕捕捉类型

屏幕捕捉可以识别并记录人在计算机上操作时的屏幕，像拍摄电影或制作漫画书一样，按操作顺序记录各种操作界面。请参考4.2节中Excel的宏录制。

单击记录按钮后，将进行录制。

这种方法十分方便，预计今后会有更多产品采用这种方式进行场景创建。

6.2.2 对象类型

对象类型是一种使用产品提供的模板进行场景创建的方法。选择Windows对象对其进行定义。

对象类型也需要一边对照人工操作界面，一边进行定义。但是需要不时中断人工操作记录的播放，为每个Windows对象选择相应的模板进行定义。这就好比在每张连环画上绘制场景，而不是一直在播放视频或快速翻阅漫画书那样没有间断。

6.2.3 编程类型

从广义上讲，编程也是一种对象类型。虽然也有模板，但它是一种使用编程语言去定义的方法。

有些产品使用Microsoft .NET Framework中的Visual Basic、C＃、Java等。这些模版和语言都是很常用的。

6.2.4 每种产品有多种类型

为了更好地解释场景创建，我们将RPA产品主要分为对象类型（大多数产品）、屏幕捕捉类型和编程语言类型三种类型。

这与5.7节中描述的对象识别技术也有关联。从场景创建的角度来看，产品的类型如图6.2所示。其中产品A既是对象类型，也是编程语言类型，产品D既是屏幕捕捉类型，也是对象类型。

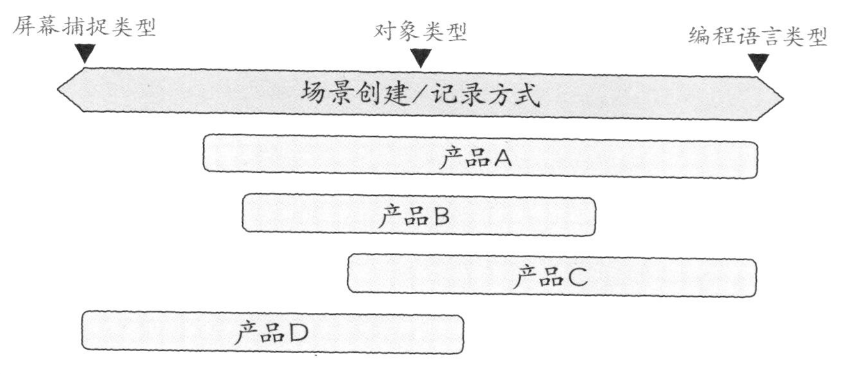

图6.2 场景创建和产品类型

6.3 屏幕捕捉类型示例：WinActor

作为屏幕捕捉类型和对象类型的示例，本节将介绍NTT DATA提供的WinActor。它是日本市场上使用量最多的产品。

WinActor具有独特的开发环境，并且是一个相对易于理解的RPA产品。

6.3.1 用WinActor开发机器人的过程

用WinActor开发机器人的过程中，通常需要定义应用程序A和应用程序B之间的处理，定义的过程如图6.3所示。

在主操作中①定义一个大的流程框架（操作流程），②使用变量等定义具体流程。

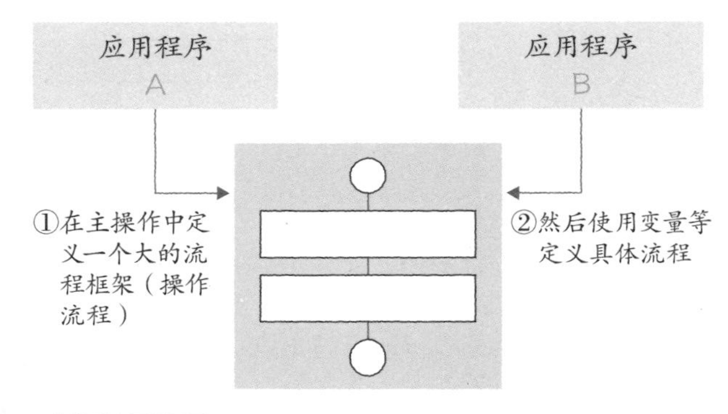

图6.3 WinActor的机器人开发过程

6.3.2 使用WinActor创建的机器人场景

如果在csv文件中有想要订购的商品列表，则可以将目录和商品名称从Excel表“商品登录.csv”复制到网站“Tutorial.html”上。

复制的内容显示在Web应用程序消息下方的文本框中，左侧是在Excel中打开的“商品登录.csv”表格，右侧是“Tutorial.html”网站（图6.4）。

将所有“商品登录.csv”的表格内容复制到该网站上的全过程都是自动执行的。

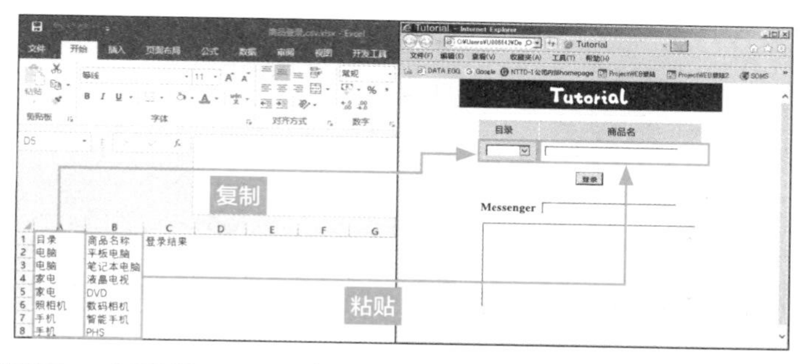

图6.4 “商品登录.csv”表和“Tutorial.html”网站

6.3.3 Web应用程序的加载和操作设置

图6.5显示了WinActor的初始界面。初始界面由是主界面①、流程图界面②、监控规则列表界面③、图像界面④、变量列表界面⑤、数据列表界面⑥以及日志输出界面⑦七部分构成。③至⑦界面是处理过程中的界面。

在实际应用中，为了提高操作效率，我们可以单击每个界面右上角的关闭按钮来关闭该界面，等到有需要时再打开。

首先我们从Web应用程序的加载开始介绍。

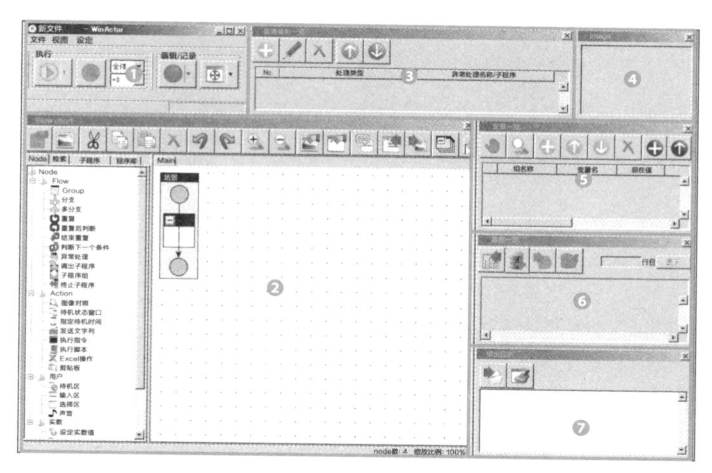

图6.5 WinActor的初始界面

◉ 启动应用程序

启动Web应用程序“Tutorial.html”（图6.6）。

图6.6 Web应用程序“Tutorial.html”

◉ 指定应用程序的界面

单击WinActor主界面左上角右端的“选择”按钮（图6.7），它是一个内部是十字形的圆形按钮。

图6.8显示了单击“选择”按钮后的状态，我们可以在选择按钮的颜色变化时进行拖动。

将图6.8中的图标移动到要记录的Web应用程序的窗口标题部分，然后单击，将其识别为记录对象窗口。

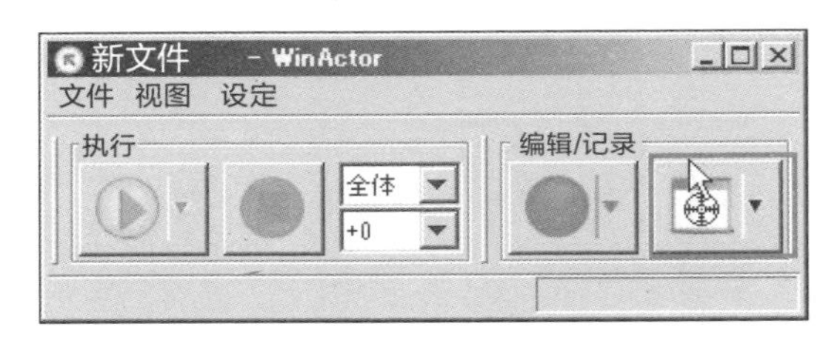

图6.7 单击“选择”按钮

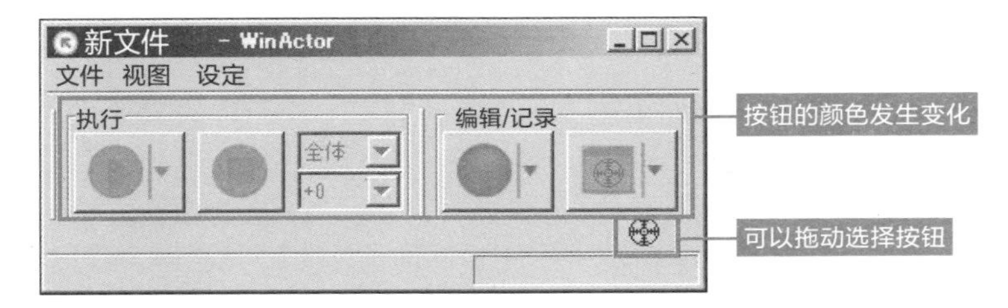

图6.8 单击“选择”按钮后

识别后，“IE：Tutorial-Internet Explorer”会显示在主屏幕的底部（图6.9）。

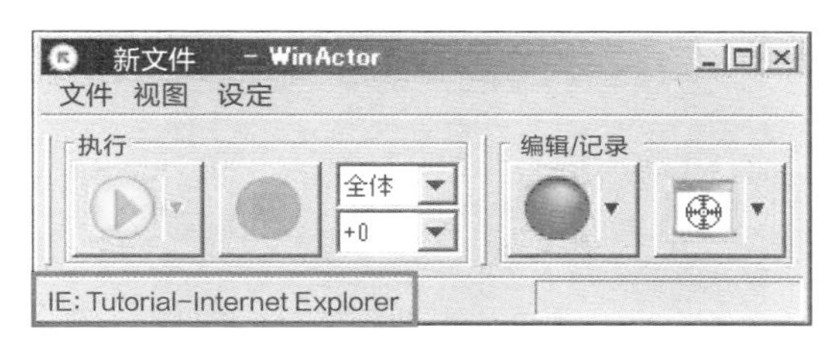

图6.9 显示“IE: Tutorial-Internet Explorer”

◉ 自动记录操作

接下来，单击位于主屏幕右侧的红色“编辑/记录”按钮（图6.10）。

开始自动录制时，“编辑/记录”按钮从红色圆圈变为圆圈内有蓝色正方形的按钮，并显示“录制已开始”。

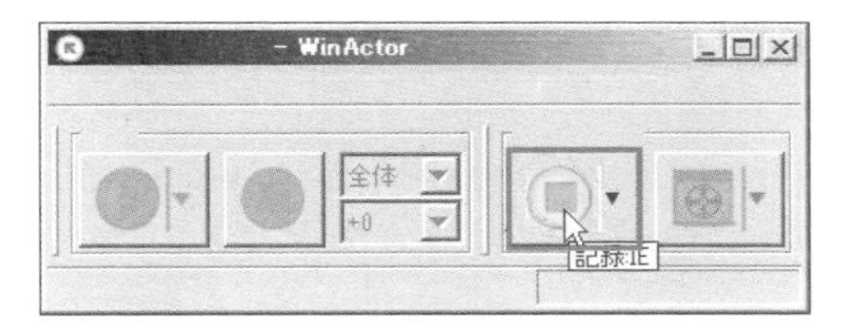

图6.10 单击“编辑/记录”按钮

现在开始执行需要记录的操作。从“目录”下拉列表中选择“电脑”选项（图6.11）。

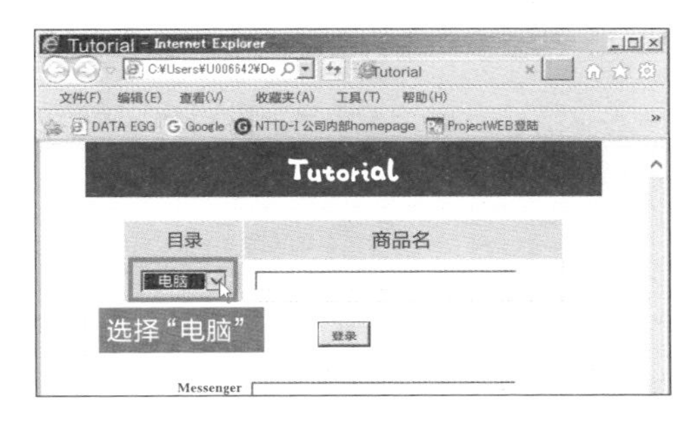

图6.11 从“目录”下拉列表中选择“电脑”选项

进行选择时，“选择列表”会自动添加到流程图界面中（图6.12）。

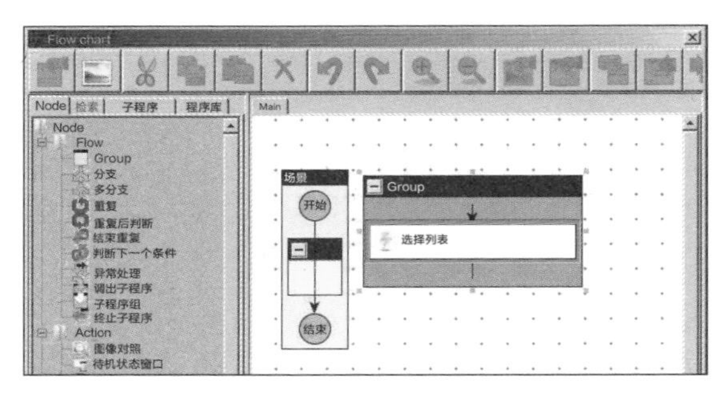

图6.12 添加“选择列表”

在“商品名”文本框中手动输入“平板电脑”（图6.13）。输入完成后会自动替换成从csv文件中读取的其他数据。

图6.13 在“商品名称”文本框中手动输入“平板电脑”

在流程图界面中添加“设置字符串”的操作（图6.14）。

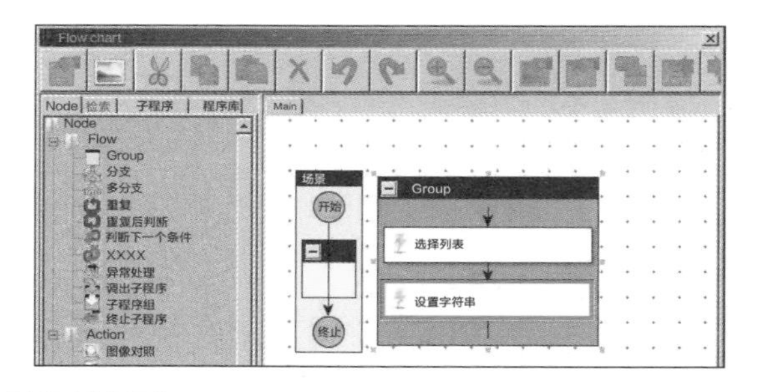

图6.14 添加“设置字符串”的操作

单击“登录”按钮（图6.15）。

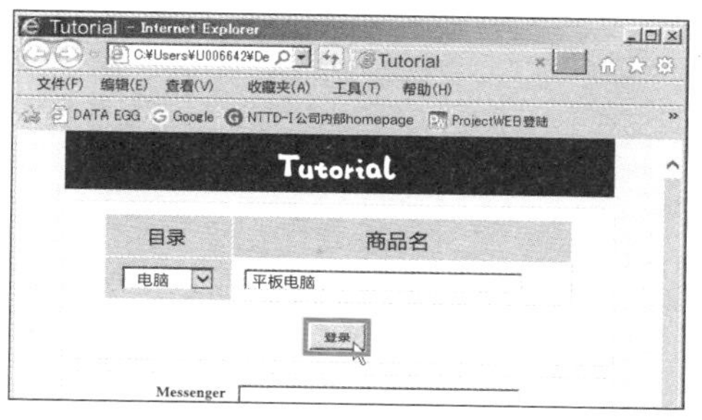

图6.15 单击“登录”按钮

添加“点击”操作（图6.16）。

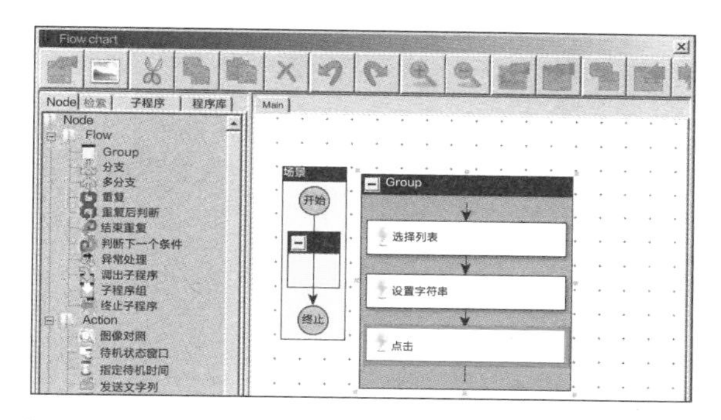

图6.16 添加“点击”操作

完成录制后，单击主屏幕上的“编辑/记录”按钮，会出现红色圆圈按钮并显示“已停止录制”（图6.17）。

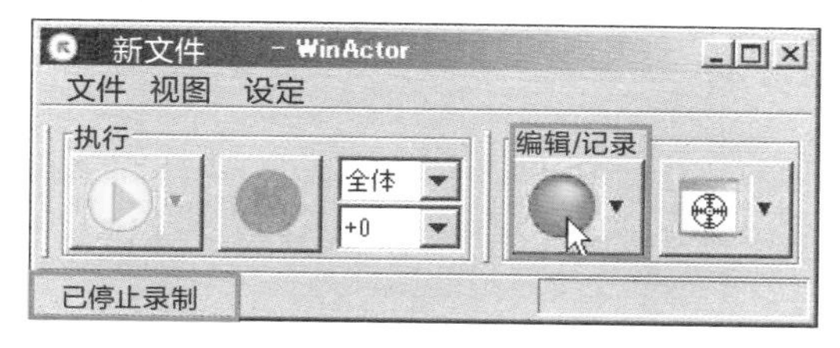

图6.17 出现红色圆圈按钮

自动记录后的流程图界面如图6.18所示。

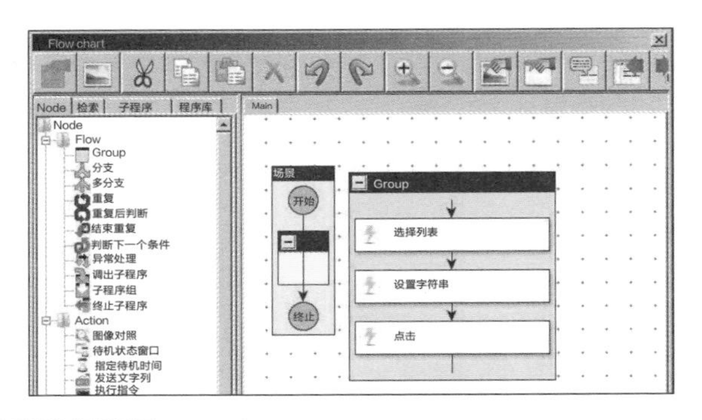

图6.18　自动记录后的流程图界面

6.3.4 变量设置

完成了在Web应用程序上进行注册操作的记录后，接下来需要设置变量。

打开之前关闭的变量列表，单击主屏幕上的“视图”菜单，然后从子菜单中选择“变量一览”选项（图6.19）。

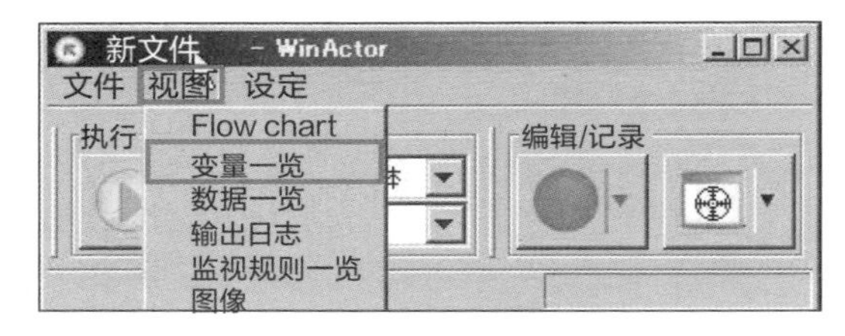

图6.19　打开变量列表的方法

打开变量列表后，单击“输入变量名”按钮（图6.20）。

图6.20　单击“输入变量名”按钮

在“打开”对话框中，选择“商品登录.csv”表格（图6.21）。

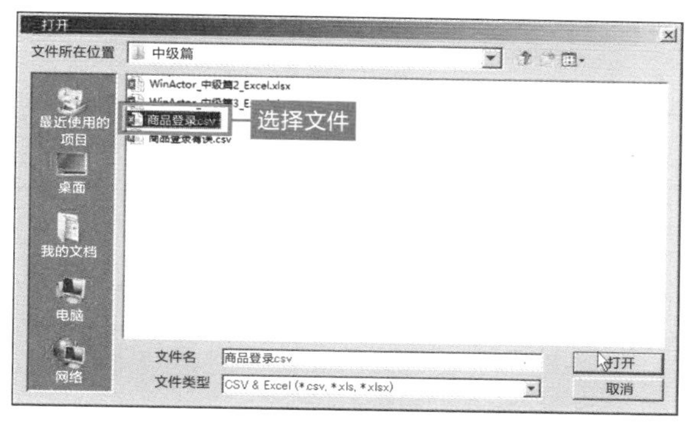

图6.21 选择“商品登录.csv”表格

然后，将csv表格第一行的标题作为变量名称进行导入（图6.22），单击OK按钮以设置变量名称。

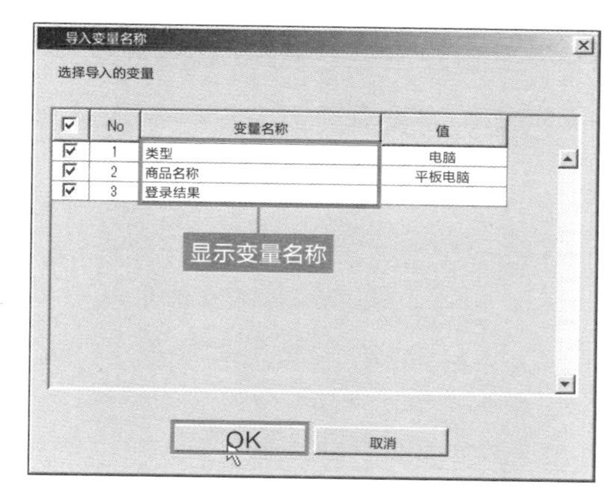

图6.22 显示变量名称

导入成功后则显示“变量名称已成功导入”的提示（图6.23）。

图6.23 成功导入变量名称

6

机器人开发

此时，可以查看变量列表设置中变量名称“类型”和“商品名称”（图6.24）。

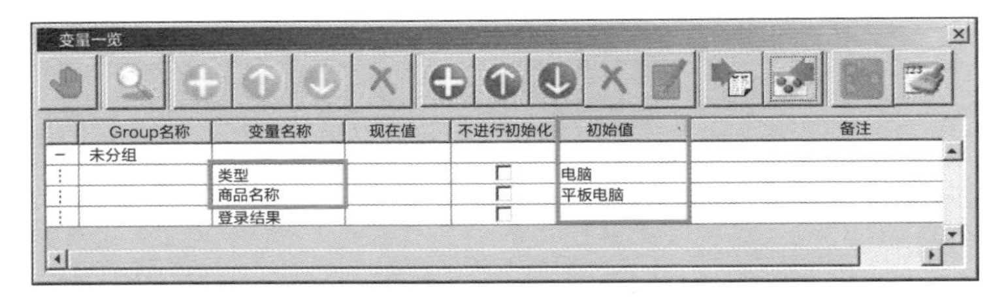

图6.24 查看变量名称

6.3.5 场景创建

以上介绍了如何记录Web应用程序的注册操作，接下来介绍如何将csv文件和刚刚设置的变量进行链接。

为了自动执行操作，首先双击流程图界面上的“选择列表”，打开属性对话框（图6.25）。

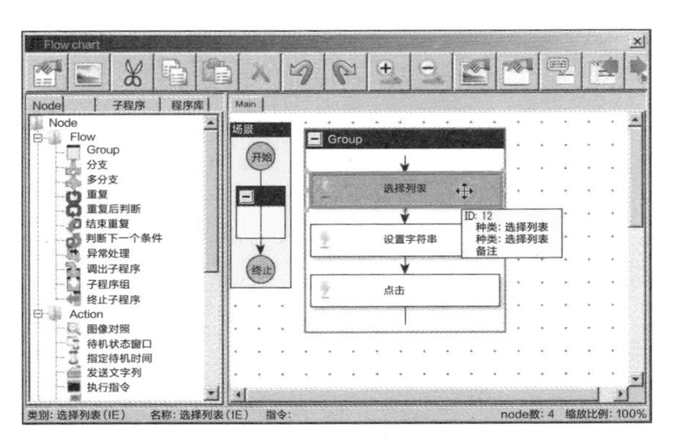

图6.25 双击“选择列表”

打开的“属性-选择列表”对话框，如图6.26所示。从“选择内容”下拉列表中选择刚刚设置的变量“类型”，然后单击OK按钮，即可完成属性设置。

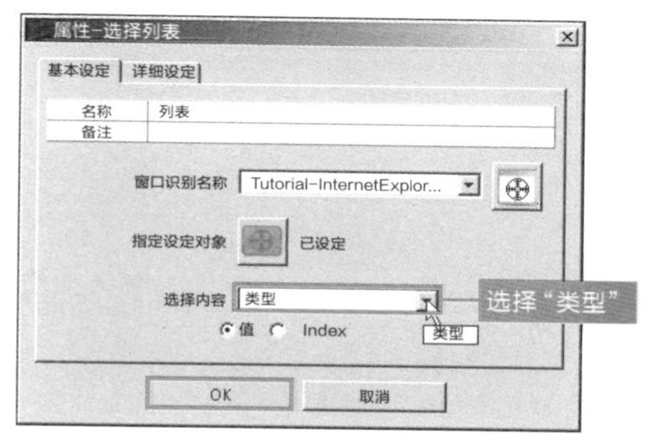

图6.26　打开“选择列表”的属性对话框

双击“设置字符串”，以相同的方式打开相应的属性对话框（图6.27）。

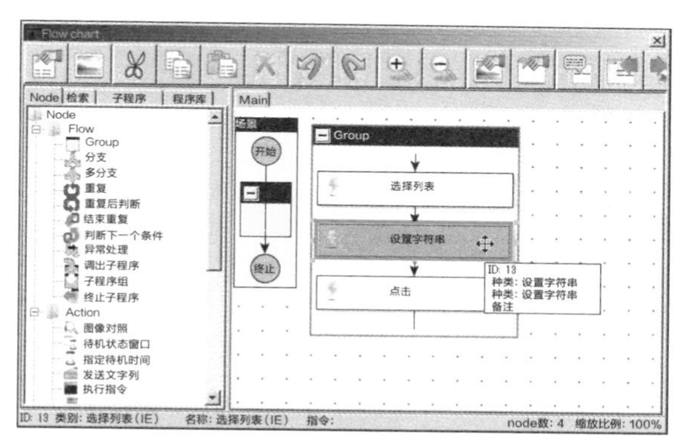

图6.27　双击“设置字符串”

打开属性对话框的状态如图6.28所示。从“设定值”下拉列表中选择刚刚设置为变量的“商品名”，单击OK按钮完成属性设置。

列表框和文本框的属性对话框的标题是不同的。

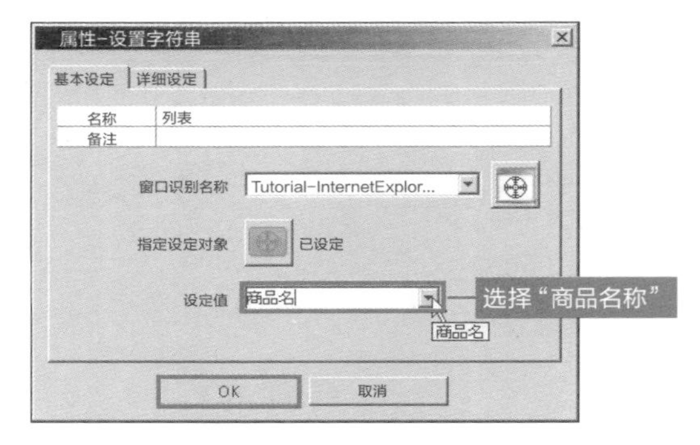

图6.28　打开“设置字符串”的属性对话框

6.3.6 从场景创建到机器人操作

将机器人操作的核心——“组”放到“场景”流程中，机器人便从编辑状态变成可以操作的状态。

图6.29显示了将程序组放到“场景”流程中的状态，这样就完成了基本场景的创建。

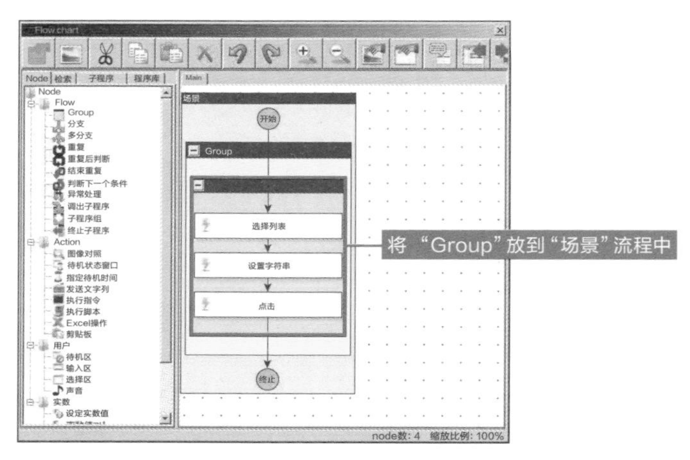

图6.29　将程序组放到“场景”流程中

◉ 指定要实际读取的csv数据

以打开变量窗口相同的方式打开之前关闭的“数据一览”窗口。显示“数据一览”

窗口后，单击“导入数据”按钮（图6.30）。

图6.30　单击“导入数据”按钮

在“打开”对话框中选择表格“商品登录.csv”（图6.31）。

图6.31　选择“商品登录.csv”

“商品登录.csv”表格中的数据已导入数据列表中（图6.32）。

数据一览

行数　显示

	☑	目录	商品名称	登录结果
1	☑	电脑	平板电脑	
2	☑	电脑	笔记本电脑	
3	☑	家电	液晶电视	
4	☑	家电	DVD	
5	☑	照相机	数码相机	
6	☑	手机	智能手机	
7	☑	手机	PHS	

图6.32　“商品登录.csv”表格中的数据已导入数据列表中

◉ 执行自动操作场景

单击主屏幕上的“执行”按钮，以执行操作（图6.33）。

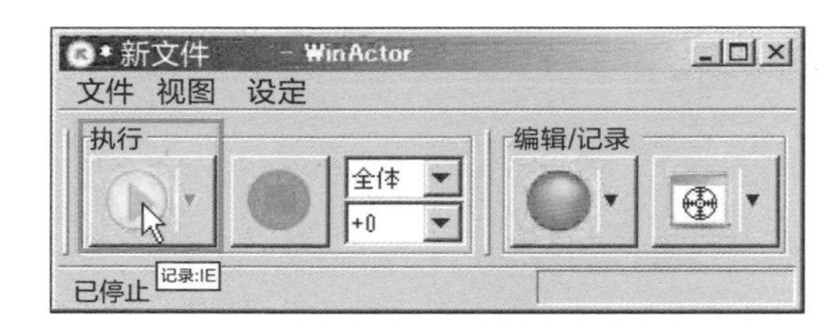

图6.33 执行场景

完成操作，“商品登录.csv”表格中的所有数据已导入Web应用程序中（图6.34）。

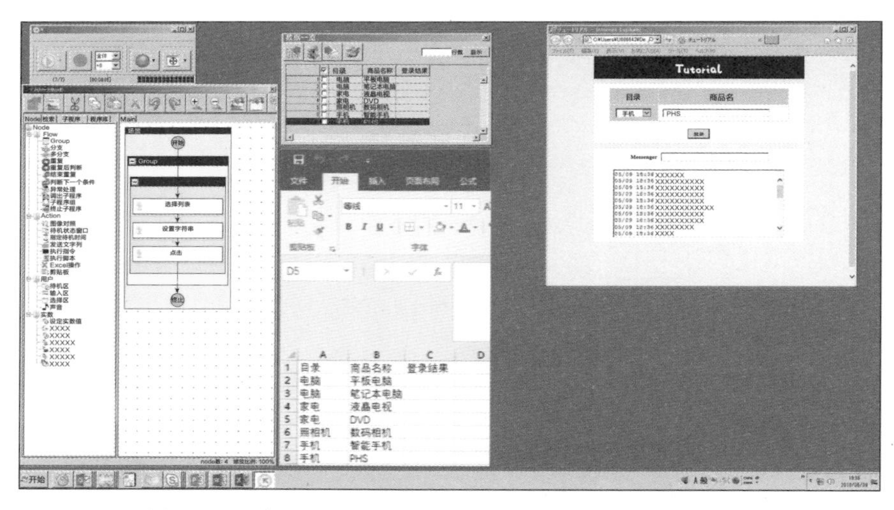

图6.34 已导入“商品登录.csv”表格中的所有数据

6.4 对象类型示例：Kofax Kapow

Kofax Japan提供的“Kofax Kapow”是对象类型的一个典型代表。

Kofax Kapow的Design Studio也是原创的开发环境。有时会出现机器人的图像，让人觉得像机器人一样。

6.4.1 Kofax Kapow机器人开发程序

通常情况下，在定义应用程序A和应用程序B之间的处理时，可以像图6.35那样去连接Robot和Type。

在Project中定义名为Type的变量，并定义这些变量在不同应用程序之间移动的程序。以数据为基础的自动化场景是它的一大特点。

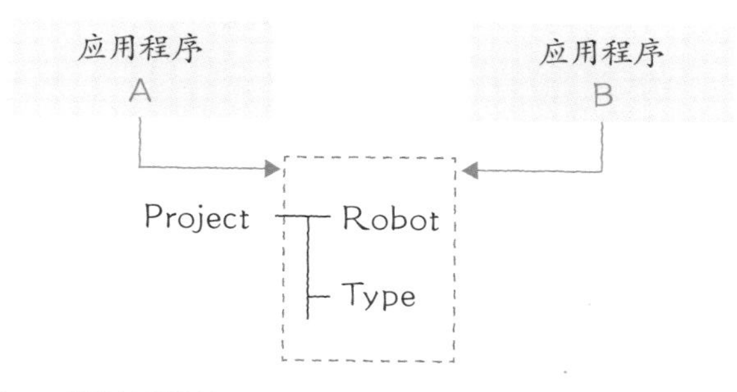

图6.35 Kofax Kapow机器人开发程序

6.4.2 使用Kofax Kapow创建的机器人场景

Excel工作表上有一个申请人（Applicant）列表。以下是将列表中列出的申请人信息复制到Web上的客户信息系统以检查客户是否是现有客户的场景。

将申请人的Name和Phone（电话号码）输入到客户管理系统中。如果客户是现有客户，则显示该客户的数据。如果客户不是现有客户，则不显示（图6.36）。

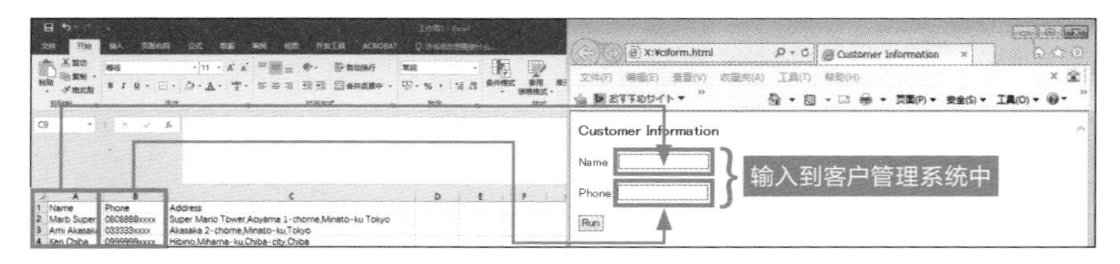

图6.36　输入到客户管理系统中

自动化处理主要有以下内容。

- **从Excel工作表中读取数据；**
- **将读取的数据粘贴到Web系统中；**
- **单击Web系统上的运行。**

如果在客户信息中显示了该用户的姓名和电话号码，则只需单击Run按钮即可。

6.4.3 初始界面和创建新项目

图6.37显示了创建新项目时的界面。在初始界面的左侧显示的是My Projects①、Shared Projects②和Databases③。

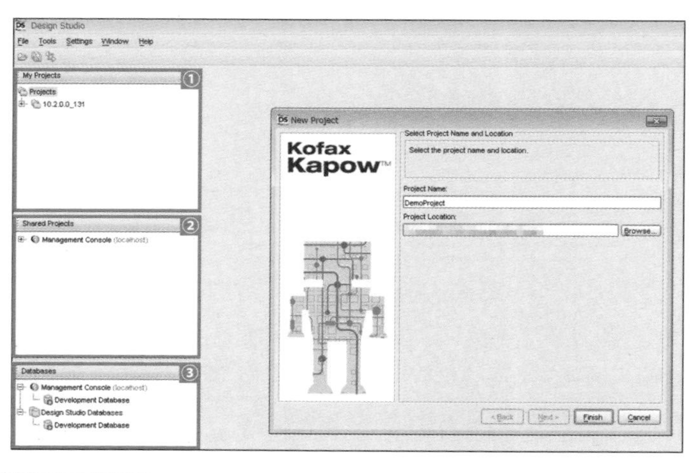

图6.37　创建新项目时的界面

选择File-New-Project命令时，将出现一个用于定义项目名称和存储位置的界面。输入Project Name（DemoProject）和Project Location。

接下来，创建定义变量的Type和定义机器人的Robot，如果有必要还需要创建Database等文件夹。

在Projects下有一个文件夹，其中的数值类似IP地址。其实该数值是表示Kofax Kapow版本级别的信息。

在Projects下创建Type和Robot，名称如下：

- **Project：DemoProject**
- **Robot：DemoRobot**
- **Type：Applicant**

数据项/量较少时，不会创建数据库，当数据项较多时，会创建数据库。

首先，创建一个Type。

◉ 创建Type

右键单击之前创建的DemoProject并选择New命令，子菜单中显示了Robot、Type等命令（图6.38）。选择“类型”并将其命名为Applicant.type。

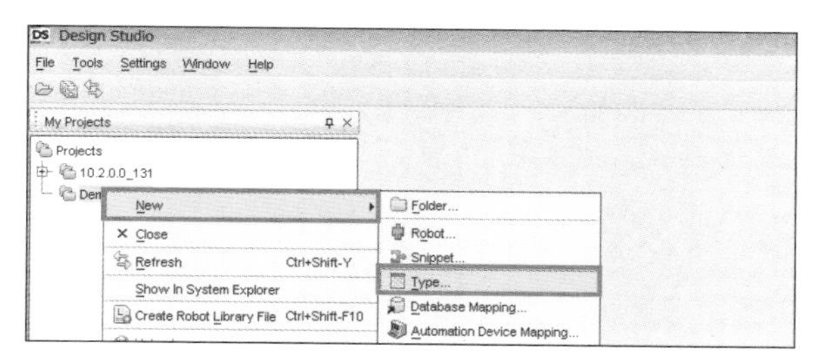

图6.38 显示Robot和Type命令

接下来，定义Name、Attribute Type等Applicant的每项数据。开发人员需要输入名称，选择相应的属性（图6.39）。

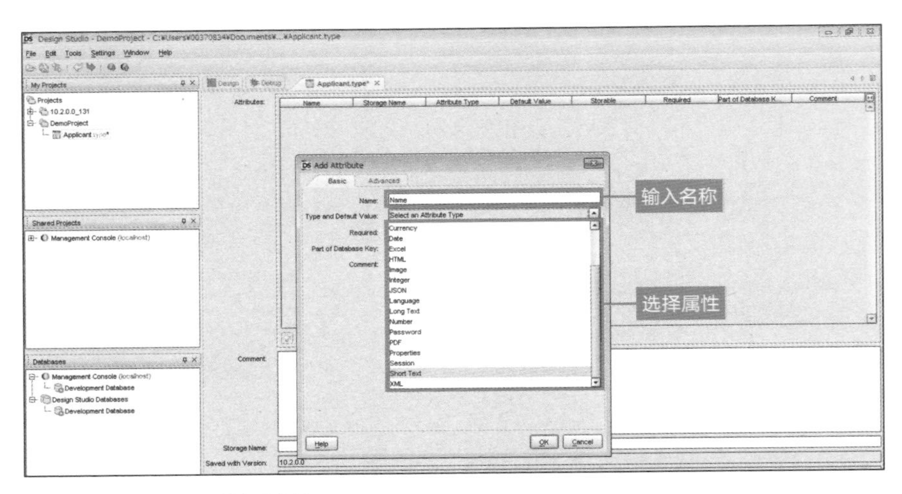

图6.39　定义Applicant的每项数据

这里的Name、Phone、Address都是根据Apllicant的Excel表格来定义的，输入后如图6.40所示。

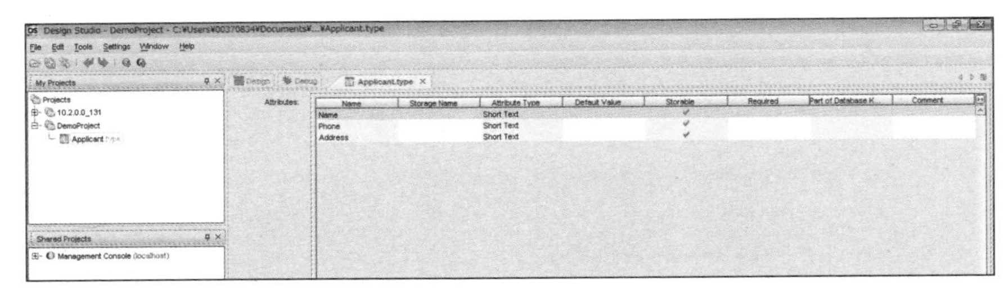

图6.40　定义Name、Phone、Address

◉ 创建Robot

接下来开始创建Robot。

首先选择DemoProject-New-Robot命令。

像创建Type时一样，命名为“DemoRobot.robot”。该名称后缀是robot，就像在制作一个机器人一样（图6.41）。

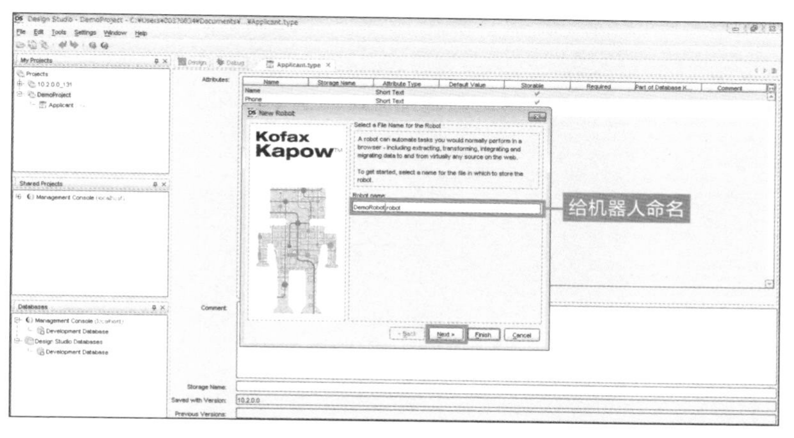

图6.14 给机器人命名

单击Next按钮并选择Excel文件的存储位置、Kofax的“引擎”以及执行模式（图6.42）。

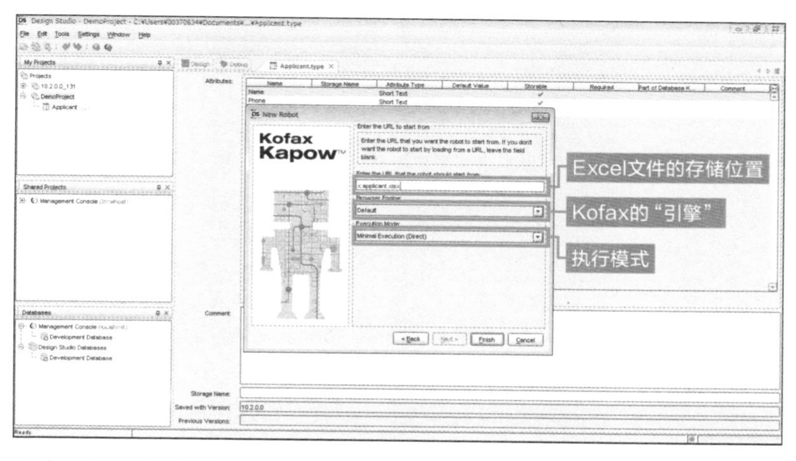

图6.42 定义文件的存储位置等

在这种情况下，选择Default、Minimal Execution（Direct）。然后，在下一个界面上，定义自动显示打开Excel文件的Load Page操作，这是机器人操作的第一步（图6.43）。

设计面板中的多边形图标表示Load Page，在最下方可以看到已经加载的Excel工作表。

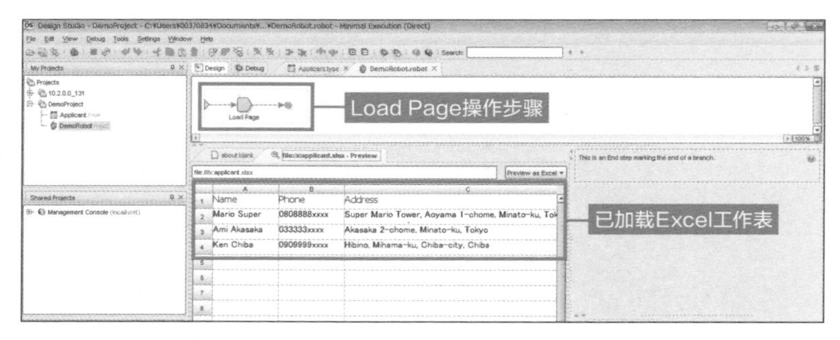

图6.43　已加载Excel工作表

◉ 创建Excel显示

在人工操作的情况下，需要在电脑上打开Excel文件才能进行下一步操作。因此需要添加打开Excel文件的操作步骤。

在完成该步骤后，右键单击右侧的⊗按钮，选择Insert Step Before命令，然后选择Action Step选项，将创建一个空的操作步骤（多边形・Unnamed）（图6.44）。

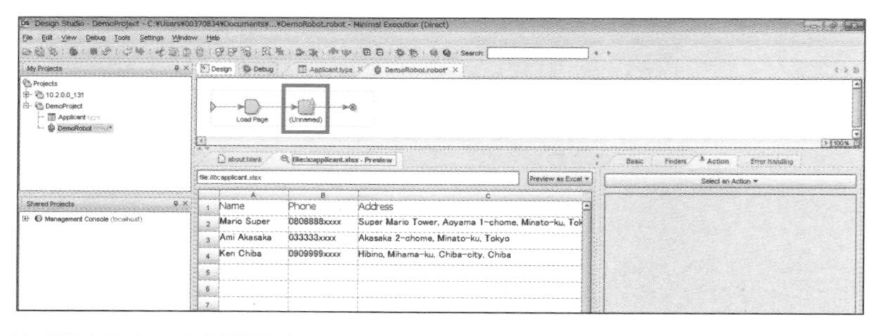

图6.44　添加打开Excel文件的操作步骤

从右侧中间的Select an Action中选择View as Excel来打开Excel（图6.45），第二步View as Excel就完成了。

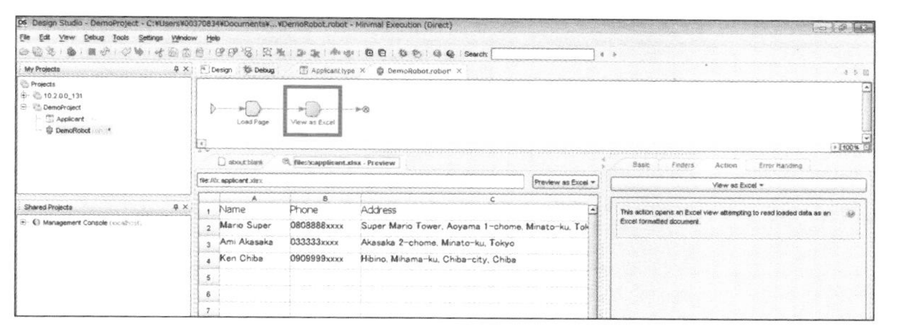

图6.45　选择View as Excel

6.4.4 导入变量

接下来，导入变量。在界面的右下角，会出现一个空白的“变量”面板。单击左下方的+按钮以显示添加变量对话框。在这里，选择之前定义的Applicant（图6.46）。

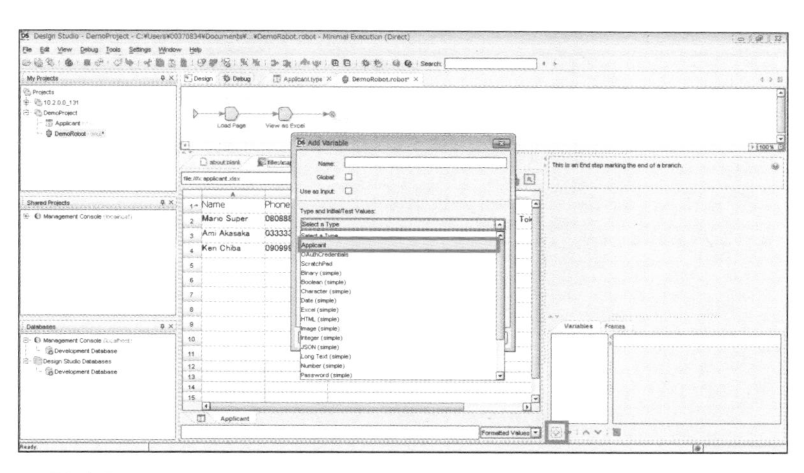

图6.46　导入变量

在Variables面板中登记applicant（图6.47）。

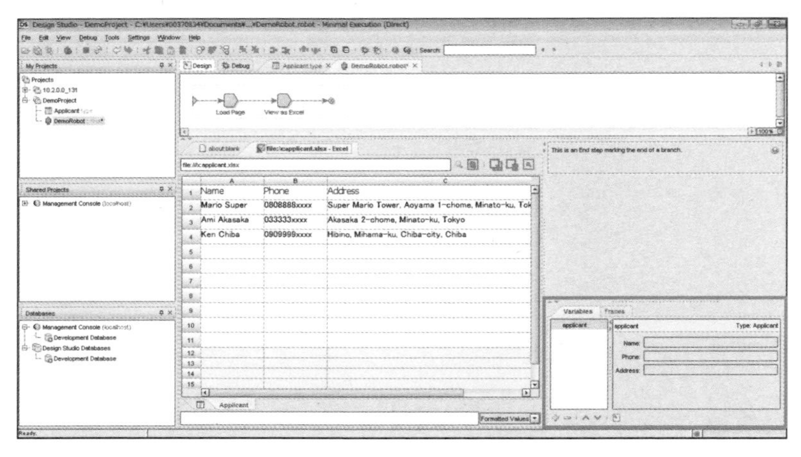

图6.47　在Variables面板中登记applicant

然后将Excel上的Name数据放入变量中。首先右键单击Applicant的第一条记录名称数据，然后选择Extract-Text-applicant Name命令（图6.48）。

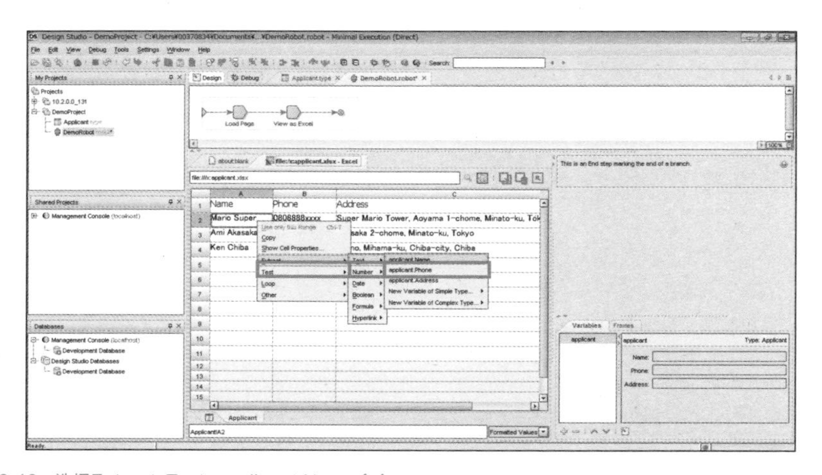

图6.48　选择Extract-Text-applicant Name命令

完成第三步Extract Name（图6.49）。

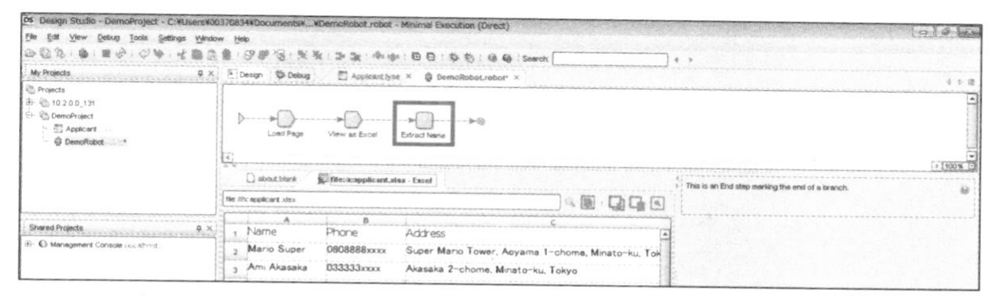

图6.49　完成Extract Name

以同样的方式完成Extract Phone（图6.50）。

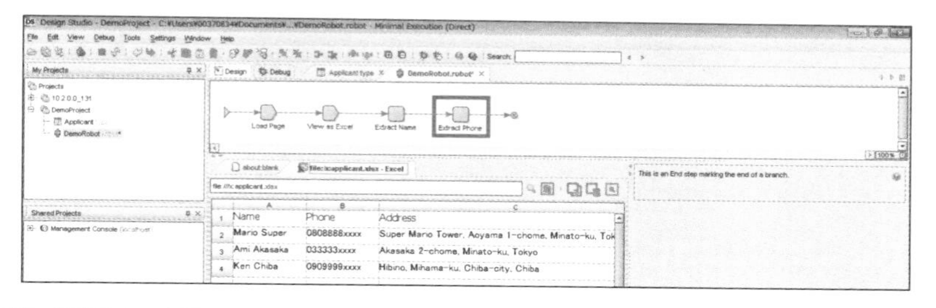

图6.50　完成Extract Phone

6.4.5 加载Web系统

刚刚，创建了打开Excel的操作步骤，接下来以同样的步骤加载Web应用程序。

创建空操作步骤后，从界面中间右侧的Select an Action中选择Load Page并设置URL和文件存储位置（图6.51）。

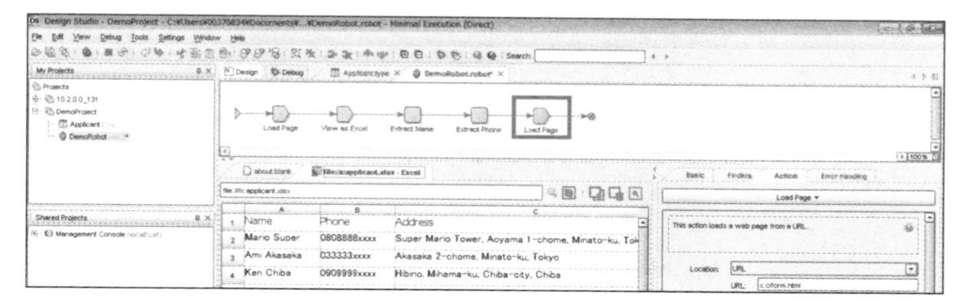

图6.51　设置URL和文件存储位置

然后，确认已加载Customer Information页面，如图6.52所示。

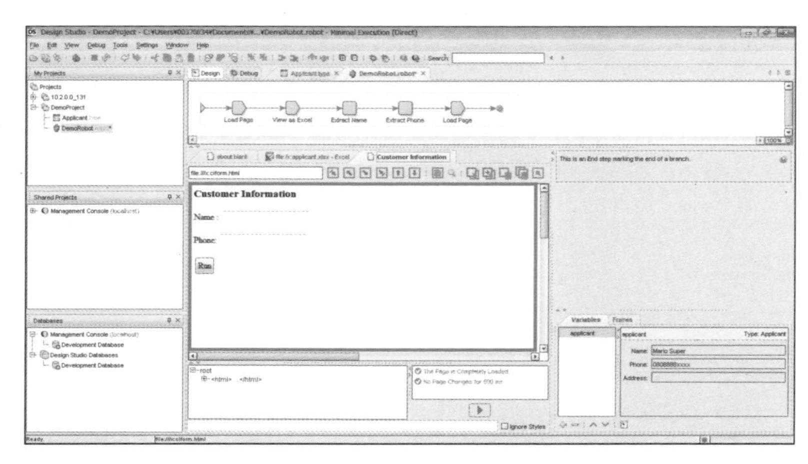

图6.52　已加载Customer Information页面

◉ 将变量输入Web系统

现在完成对Excel和Web应用程序操作步骤的定义，接下来开始输入数据。要复制Excel表中的Name，则右键单击Customer Information的Name文本框，然后选择Enter Text from Variable-applicant.Name命令（图6.53）。

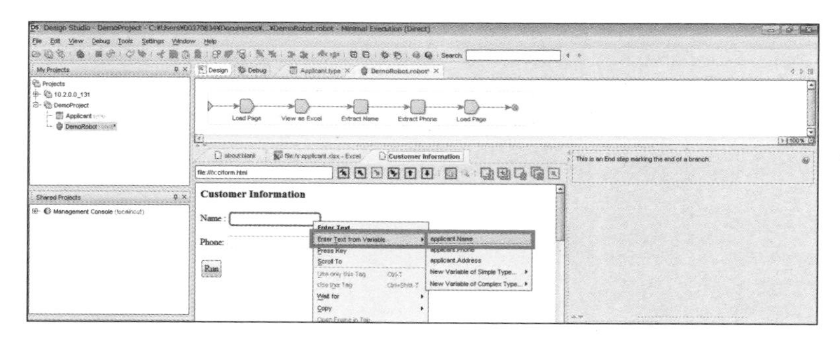

图6.53　选择Enter Text from Variable-applicant.Name命令

完成在操作步骤中导入Name数据（图6.54）。

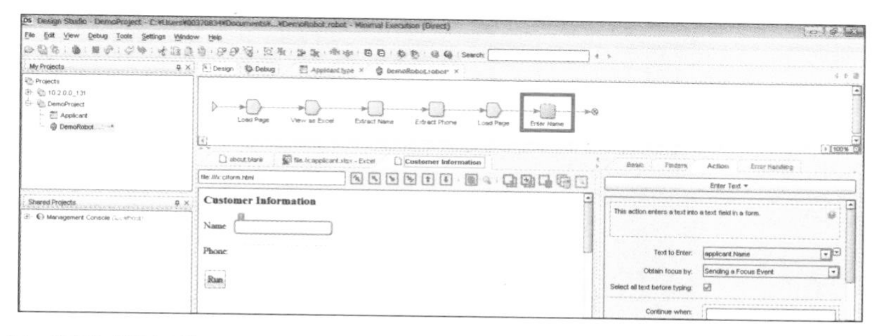

图6.54　在操作步骤中导入Name

按照相同的步骤导入Phone。可以确认Excel数据是否是通过变量输入的（图6.55）。

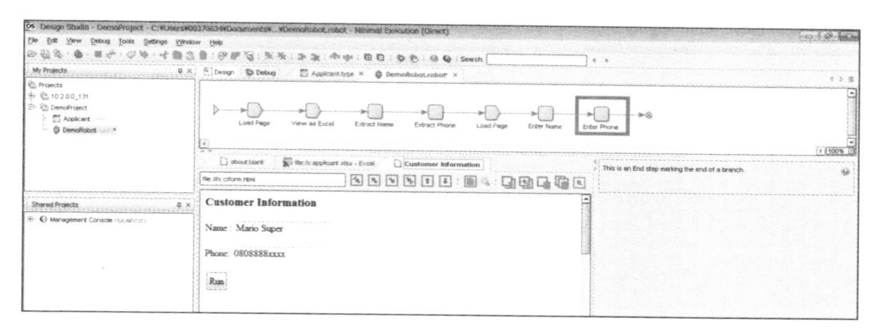

图6.55　导入Phone

◉ 单击Run按钮

单击Run按钮后，自动化操作的定义就完成了。右键单击Run按钮并选择Click命令（图6.56）。

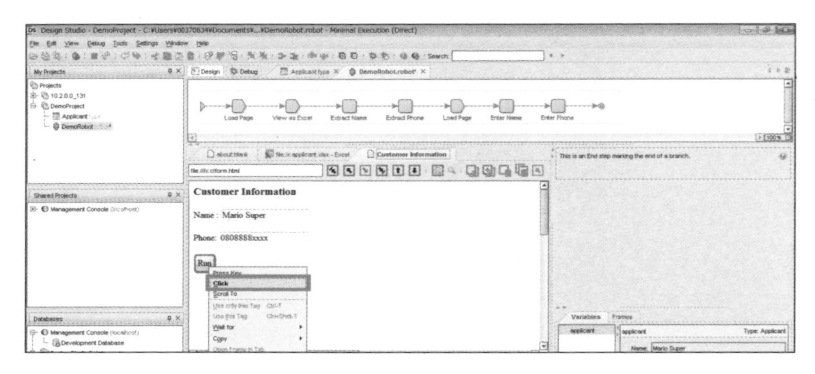

图6.56　创建Run操作步骤

◉ 添加Return Value

最后，添加Return Value操作步骤就完成了（图6.57）。添加这一步骤的目的是为了在“调试”模式下运行机器人并显示返回值。

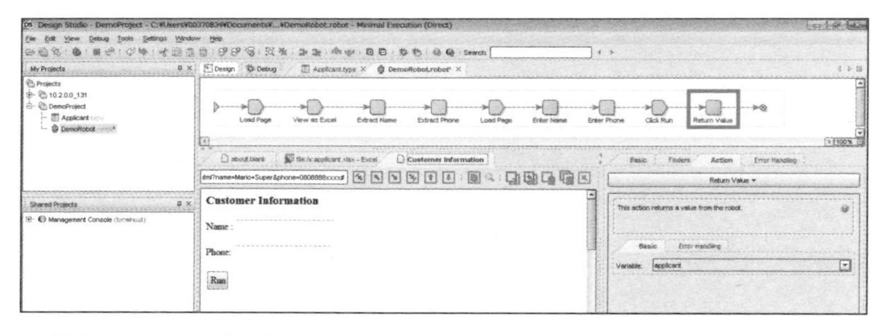

图6.57　创建Return Value操作步骤

总共有9个操作步骤，但是在安装过程中会减少Return Value操作步骤。在本书介绍的例子中，主要有3个步骤：从Excel到Web的两次复制，以及单击Run按钮。

我们必须了解机器人是需要详细定义的，例如加载每个应用程序和输入变量。

Kofax Kapow的开发环境是独立的，因为它可以自动导入数据，习惯了之后可以快速进行操作。

为了介绍它的特点，本书仅展示了第一个record是如何操作的，如果要重复相同的操作，可以使用Loop。

6.5 编程类型示例：Pega

Pega Japan提供的“Pega机器人自动化”是编程类型的典型代表。

Pega的开发平台是Microsoft Visual Studio。它的使用方式与Visual Studio中的程序开发几乎相同，想必具有编程经验的人都很熟悉。

笔者对Pega的第一印象是，它更像是在Visual Studio中编程，而不是开发机器人。对没有编程经验的人来说，理解Solution、Project、Event、Property、Method等术语可能较为困难。

6.5.1 Pega机器人开发程序

在定义应用程序A和应用程序B之间的处理的一般步骤如图6.58所示。

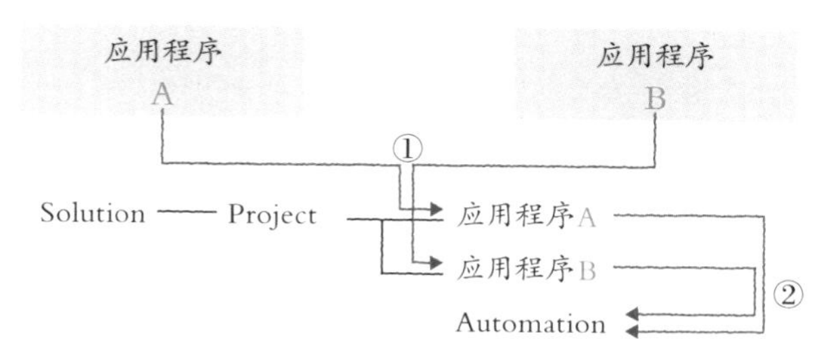

图6.58 Pega机器人开发步骤示例

在Solution中，①分别创建与应用程序A和应用程序B连接的Project，②在Automation中设置每个Project的事件、属性等。

6.5.2 使用Pega创建的机器人场景

NET开发的应用程序MyCRM，当对打电话到公司或客服中心来咨询发货状态的客户进行回复时，在左上角输入客户编号时，会在左侧显示客户信息，在右侧显示其最新的购买记录（图6.59）。

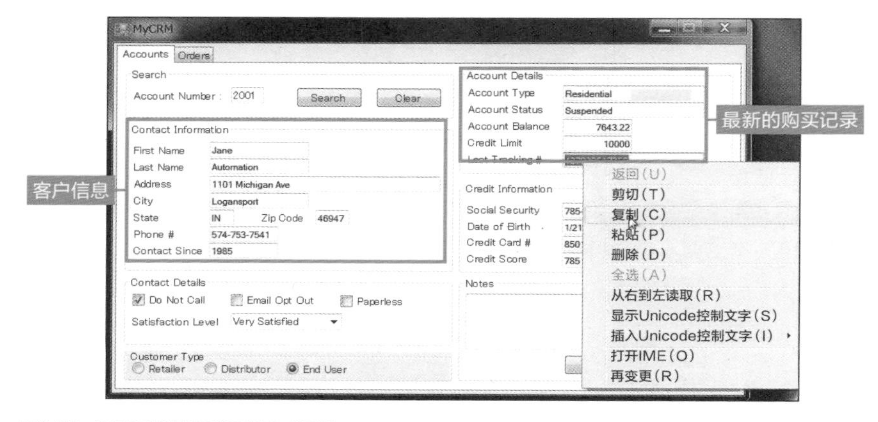

图6.59　NET开发的应用程序MyCRM

在文本框中输入快递单号（Last Tracking # ）。

机器人的处理过程如下：

- **使用.NET应用程序复制快递单号；**
- **在Yamato Transport网站上输入；**
- **单击网站上的“咨询”按钮。**

粘贴从.NET应用程序的文本框（Last Tracking # ）中复制的数据（图6.60），然后，单击“咨询”按钮。

图6.60　粘贴从.NET应用程序的文本框（Last Tracking # ）中复制的数据

显示发货状态之后，回复客户（图6.61）。

图6.61　显示发货状态

◉ 初始界面

图6.62是Pega Robotic Automation的初始界面。在默认情况下，该界面顶部是工具栏①，中间是设计器窗口区域②，左侧是Solution Explorer③，右上方是Object Explorer④，下侧是Toolbox⑤。

工具窗口包括Debugging windows和Navigator。

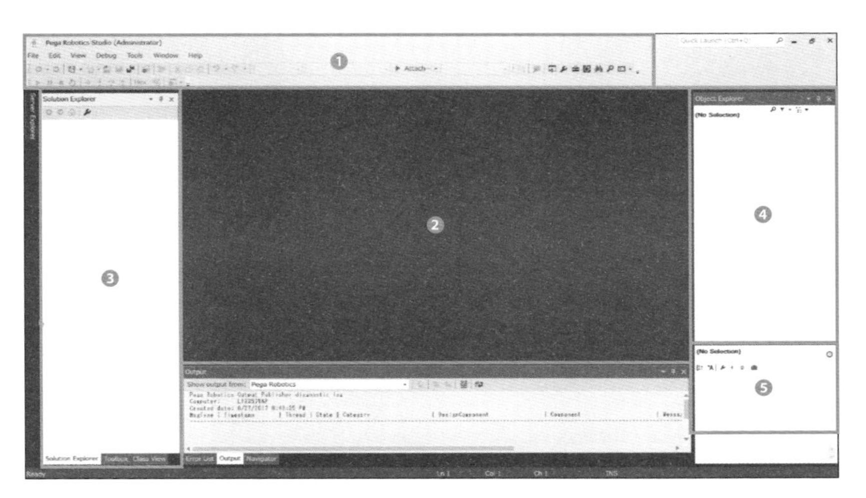

图6.62　Pega Robotic Automation的初始界面

6.5.3 Pega的机器人开发

接下来，开始进行机器人开发。

◉ 创建新Project

要创建一个新的Project，则首先在菜单栏中选择File-New-Project命令，在打开的对话框中输入Project Name、Location和Solution Name（图6.63）。

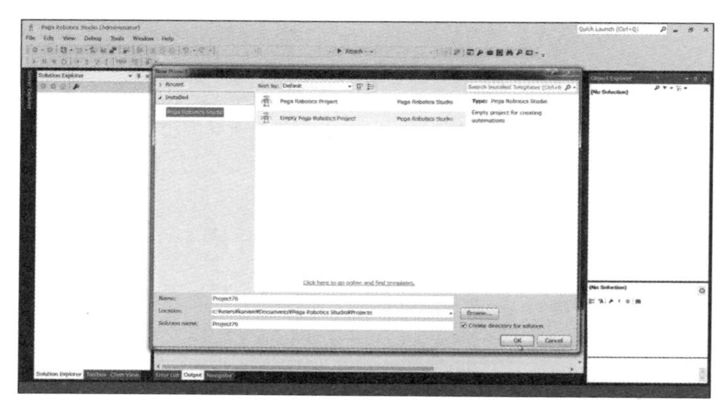

图6.63 输入Project Name、Location和Solution Name

◉ 链接Windows应用程序

在Solution Explorer中显示新Project后，选择Project-Add-New Windows Application命令，并将.NET应用程序链接到Project上（图6.64）。

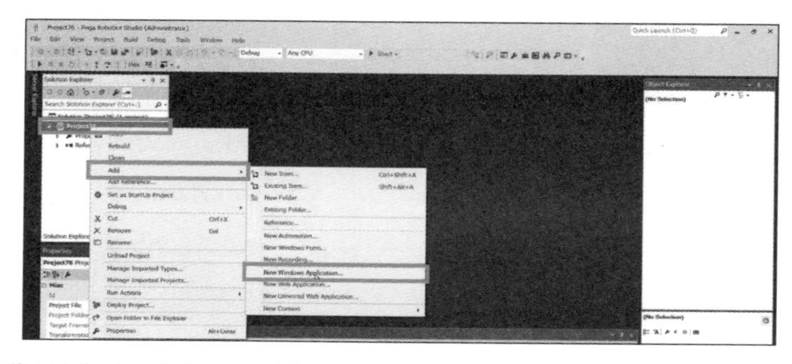

图6.64 将.NET应用程序链接到Project上

以下将.NET应用程序称为Windows应用程序。

接下来，将出现图6.65的界面，将可执行文件“MyCRM”添加到左下方的Path中，文件名是“MiniCRM”。

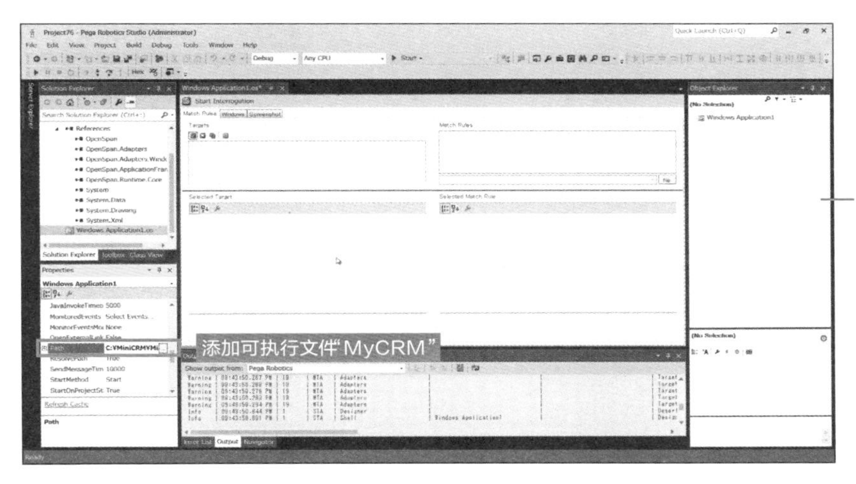

图6.65　添加可执行文件“MyCRM”

然后让机器人分析目标应用程序。先单击Start Interrogation按钮，打开Interrogation Form面板，该面板左上角的圆圈标记就是Interrogation Form（图6.66）。

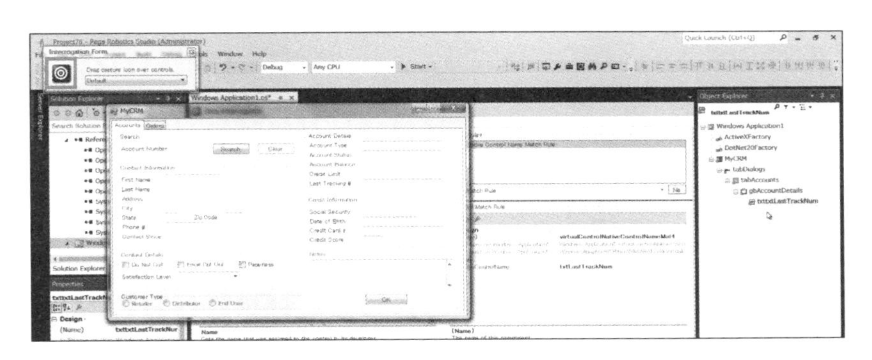

图6.66　Interrogation Form分析

Interrogation Form在Pega机器人开发中起着重要作用。

Interrogation Form通过监测应用程序的内部结构和DLL之间的调用情况，可以让机器人了解该应用程序的结构。

将Interrogation Form拖放到Last Tracking # 文本框中，则在Object Explorer显示“MyCRM”应用程序的结构。

Last Tracking # 是txttxtLastTrackNum，位于Object Explorer的“MyCRM”结构的最下层。

◉ 链接Web应用程序

接下来，创建Web应用程序的Project，并按照相同的步骤分析和链接Web应用程序（图6.67）。

图6.67　解析和链接Web App

与Windows应用程序的情况一样，将Interrogation Form拖动到物流咨询文本框和咨询按钮处后，在对象资源管理器中会显示出html源的结构。

◉ 自动化的定义

拆分两个应用程序的结构，设置自动执行。

在Solution Explorer中，通过执行Add-New Automation命令来创建Automation（图6.68）。

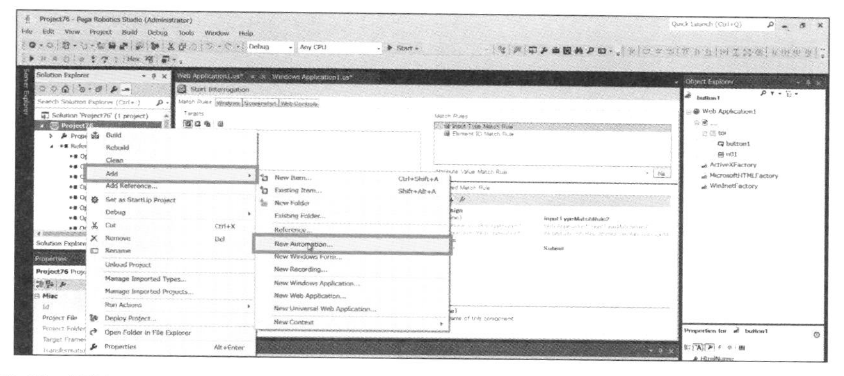

图6.68 创建Automation

将出现一个新的Automation Designer窗口，如图6.69所示。在该窗口放置拆分后应用程序的各结构。在右侧的Object Explorer中，上面是Web应用程序的结构，下面是Windows应用程序的结构。

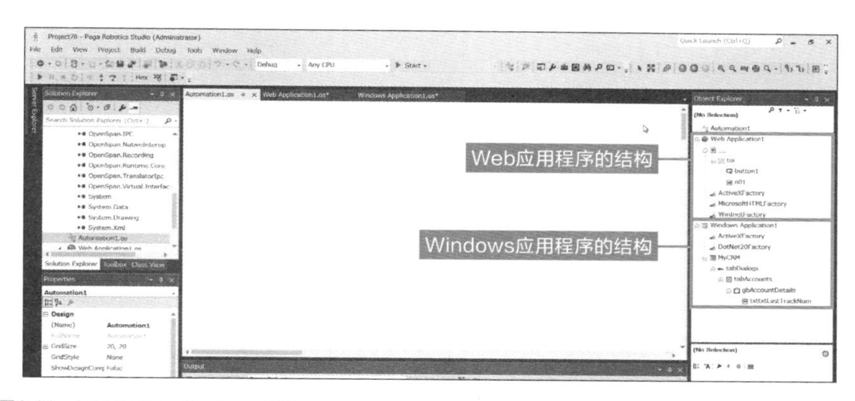

图6.69 Automation Designer窗口

当显示（更改）Last Tracking # 的值时，将启动自动化操作。

从右侧的Object Explorer中选择txttxtLastTrackNum选项，然后选择TextChanged event，并将其拖到设计器窗口（图6.70）。

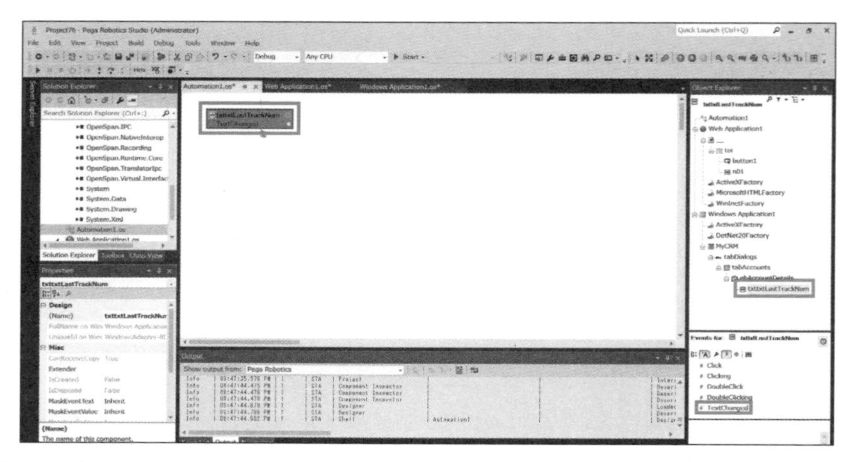

图6.70　放置应用程序的各个结构

以同样的方式，为Windows应用程序添加一个文本框（图6.71）。

再为Web应用程序添加一个文本框，然后后设置“咨询”按钮。

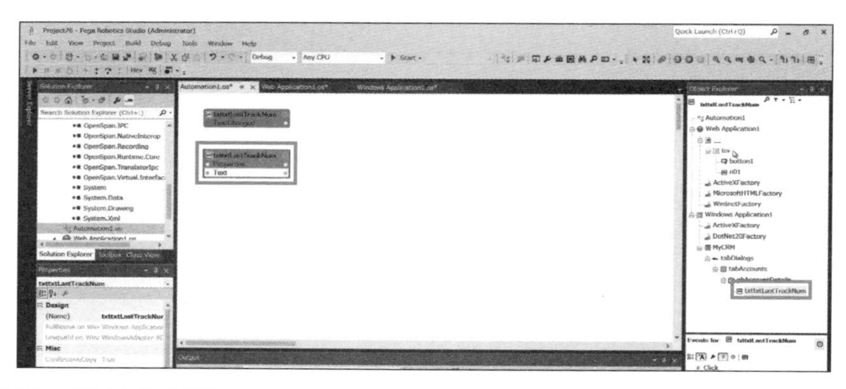

图6.71　添加文本框、按钮等

最后用蓝色箭头连接数据流，用黄色箭头连接处理流程，这样就完成了机器人的开发，如图6.72所示。

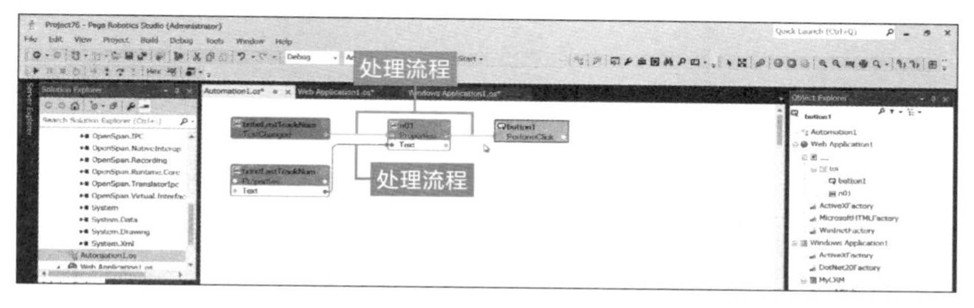

图6.72 完成机器人开发

◉ 调试确认

在调试时输入另一个快递单号后，物流状态显示“交货已完成”（图6.73）。

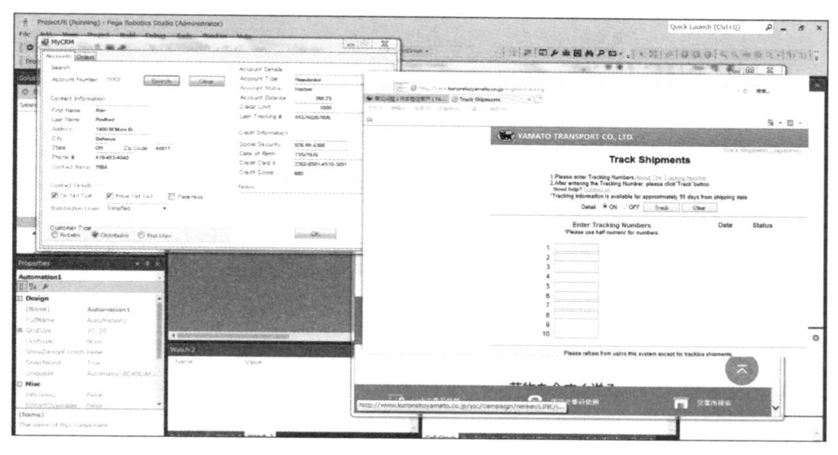

图6.73 调试确认

对Windows应用程序和Web应用程序的结构拆分和重组以及自动化的定义可以以流的形式进行，一般都可以通过拖曳的方式来完成。

6.6 设计界面示例：Blue Prism

到本节为止，已经介绍了按类型划分的机器人开发的例子。本节将对相关设计示例进行介绍。有的产品可以同时进行程序设计和开发。

6.6.1 Blue Prism的设计概念

在自动执行特定的核心系统或业务系统的登录以及登记信息之类的操作之后，由于版本升级等原因，可能会改变系统的标准程序。为了维护系统的正常运行，建议以单个系统为单位创建Object，并定义登录和登记等操作的程序。

机器人访问每个系统时，调用目标系统的Object并执行必要的处理。因此，通过修改对应的Object进行维护更加容易。

6.6.2 设计界面示例

图6.74显示了一个设计界面的示例。

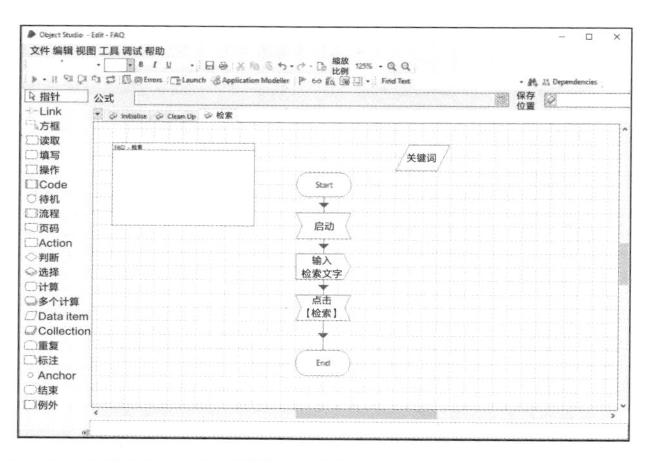

图6.74　用Object Studio设计输入文字并进行检索的操作

该界面是设计在Object Studio独有的开发环境——Blue Prism中，打开Internet Explorer（IE），并将文本输入到显示的网页中进行搜索的操作界面。该界面显示的是启动IE之后，输入搜索的关键词和单击搜索按钮这一系列的操作流程。该界面可以直接打印出来，因此可以直接制作成设计说明书。

图6.74的界面看上去好像只有机器人的操作流程，实际上也显示了机器人的开发流程。

6.6.3 通过双击连接设计和开发

图6.75是双击流程中的“搜索按钮”后弹出的“属性”对话框。

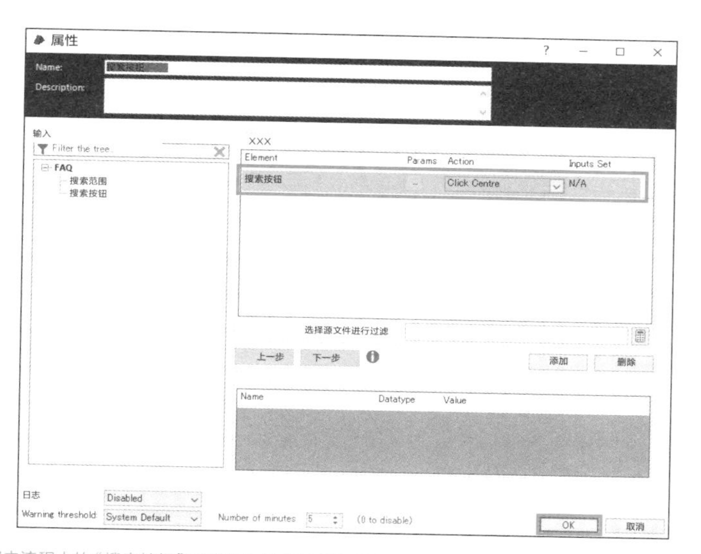

图6.75 双击流程中的“搜索按钮”后弹出的“属性”对话框

在此对话框中定义单击IE页面上的“搜索按钮”。中间靠上的Element字段中有“搜索按钮”，Action字段中有Click Centre。

单击右下角的OK按钮，返回上一个设计界面。

这样的产品十分适合那些注重设计过程的人。

6.7 机器人文件设计编程过程

正如之前介绍的那样，机器人开发的概念和步骤因产品不同而有所区别。因此，作为机器人编程开发的第一步，机器人的编程设计也各有不同。

在瀑布流程中，“开发·制造”可以进一步划分为更加详细的流程。接下来从程序设计、程序开发和单个程序测试这三个方面来进行详细说明（图6.76）。

图6.76　编程的过程

在整个业务系统开发中，机器人设计是程序设计，机器人开发是程序开发，机器人单元测试就是程序单元测试。

正如本章中介绍到的，即使操作相同的终端，开发的过程和思维方式也会因RPA产品而异。

由于定义方法因产品而异，因此机器人文件的设计基本上也是取决于各产品。例如，在编程类型产品中，需要为每个应用程序创建一个Project。其他产品还可以在一些项目中包含多个对象。

因此，需要根据各个产品的特性进行程序设计。

除了产品的差异外，程序设计的总体思路也需要遵循组件化和分类等概念。

专栏 · COLUMN

组件化

在设计程序时，建议从提高生产率和统一操作流程的角度进行分类和组件化。

●组件化

在考虑分类时，我以可以以网上购物为例（图6.77）进行理解。

商品售卖 —— 共同要素 ┬ 实物 ———— 有配送 —— DVD、本
　　　　　　　　　　　└ 虚拟 ———— 无配送 —— 音源、ebook

图6.77　网上购物的例子

共同要素包括数量、价格和缴税。

那么关于不同的要素，是以实物和虚拟产品进行区分，还是以是否需要配送进行区分呢？后台系统对虚拟产品都有版权管理，但是对实物产品的管理各有不同。因此最好以实物和虚拟产品进行区分，而不是以是否需要配送进行区分。

●以RPA为例

与网上购物的例子相似，下面再举一个运用较多的在RPA中考虑分类和组件化的例子（图6.78）。

操作			
	—— 有界面	—— 打开界面	OpenForm
		—— 关闭界面	CloseForm
		—— 输入数据	InputData
		—— 复制数据	CopyData
		—— 检查数据	CheckData
		—— 点击按钮	ClickButton
	—— 无界面	—— 复制数据	CopyData
		—— 检查数据	CheckData

图6.78　在RPA中考虑分类和组件化的例子

如果频繁进行相同的操作，组件化是十分有效的。此外，还可以对每个组件进行命名，这一点很像编程。

更贴近用户的RPA

在开发RPA系统时，外部供应商需要考虑以下几点。

●长期驻扎在“大房间”

随着系统开发规模的扩大，常驻在客户企业信息系统部门的情况也会越来越多。签署了SI合同供应商的工作人员可能会聚集在被称为“大房间”的整层办公室里，或者随着规模的不断扩大，也有可能占据整栋楼。随身携带由客户企业发行的通行证进出客户企业，而不是自己所属的公司。

这些都是在引入新的大型系统或更新大型系统时常见的情况。

●RPA

RPA也是如此。有时，相关技术人员不仅要驻扎在信息系统部门，而且会驻扎在使用RPA产品的部门。这是因为需要将RPA引进到该部门使用的系统和应用程序中。

一般情况下，会直接将RPA引进到现有应用程序的操作中。但是实际使用情况因各部门而异，因此直接驻扎在将要使用RPA的部门效率最高。

当然，如果可以在信息系统部门模拟实际使用情况，则可以在传统的“大房间”中进行。但是，要想模拟EUC以及与部门通常使用的核心系统和业务系统不同的各种应用程序并不容易。

除了开发之外，核心程序的定义以及在定义之前的业务・操作的可视化都需要技术人员深入到部门用户中去。

第 7 章

业务和操作的可视化

7.1 机器人开发前

只有明确特定RPA用户的使用目的，才能进行机器人文件的开发。否则，开发会毫无意义。

要想制造出一个机器人，必须了解用户会用它进行什么操作，也要了解其在业务中占据什么地位以及该业务的内容。只有这样才能发挥机器人的最大价值。因为机器人的价值就是被充分利用。

在本节中，将介绍进行机器人开发前的准备阶段。

7.1.1 开发前的准备阶段

到目前为止，本书已经依次介绍了RPA的基础知识、行业动向、产品学习、与RPA类似的技术以及RPA的软件特性和机器人开发。

接下来将依次介绍业务和操作的可视化、用户需求和机器人的开发，这些都是与机器人开发直接相关的内容。

业务、操作、用户需求和机器人开发之间的关系是“业务>操作>用户需求≒机器人开发”。

然而，在业务中也有一些工作是不需要使用计算机的，并非所有的操作都会被RPA取代。RPA仅代替一部分计算机和服务器操作，并不是所有的业务操作。

有些操作还需要用到业务系统、OCR和AI等技术，此外还有些操作很难用新技术去取代。

7.1.2 从可视化到开发的三个阶段

了解了业务、操作与机器人之间的关系，图7.1从左到右依次显示了每个阶段。为了让大家更好地理解本书的结构，还添加了章节编号。

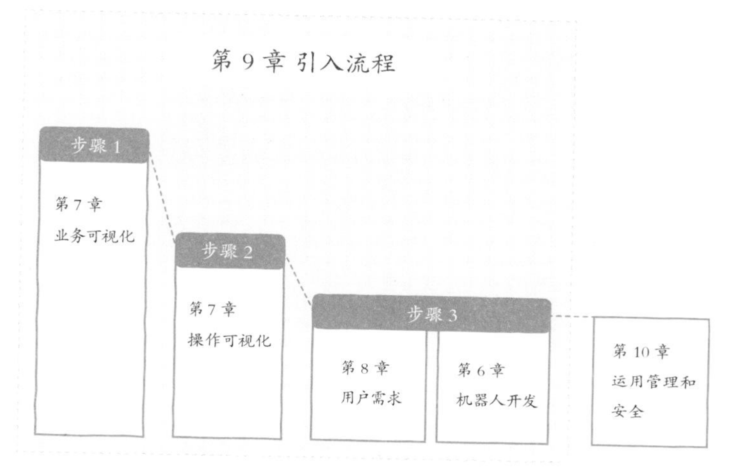

图7.1 本书后半部分的结构和3个阶段

图7.1将业务可视化、操作可视化、用户需求以及机器人开发这3个阶段分别用高矮不一的阶梯来表示，我们将其称为“三个阶段”。

在业务可视化之后是操作可视化，然后是用户需求，最后是机器人开发阶段。接下来将按此顺序进行详细说明。

7.2 业务可视化的必要性

用机器人取代人工操作时，有必要将当前的业务内容以及人工操作的流程可视化。RPA将取代人工实施的计算机操作，因此操作的可视化至关重要。

7.2.1 资料齐全的情况

要想在某个业务中使用RPA，首先需要确认该业务的业务手册以及与业务流程、系统流程相关的其他资料是否完整。

这些资料可以帮助技术人员了解业务流程、各流程的时长、输入和输出等操作，如图7.2所示。掌握了这些之后，还需要进一步了解操作流程。

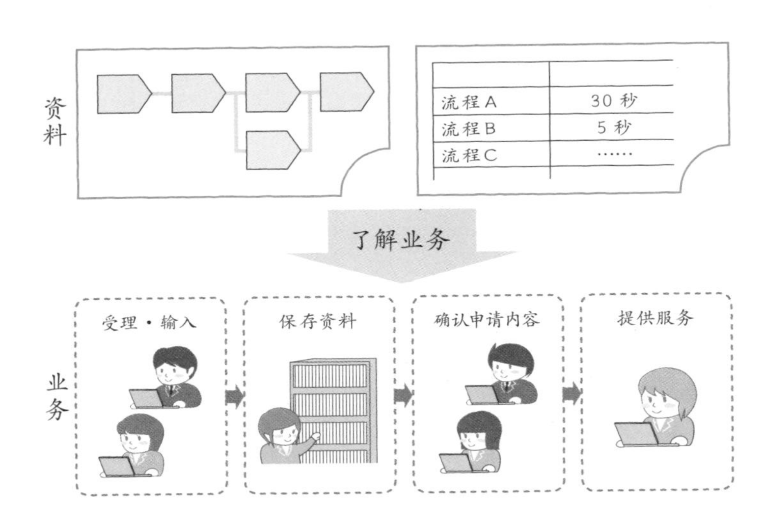

图7.2 资料齐全时

7.2.2 资料不齐全的情况

如果业务相关的资料不齐全，为了使业务可视化，必须重新制作全部资料。如果在资料不齐全的情况下盲目引进RPA，则会不清楚应该在业务的哪个环节使用RPA，也不清楚引进RPA的目的。

绝对不能没有任何目的地进行机器人文件的开发，也不能没有更改或添加流程的标准以及展开业务的标准。为了明确引进RPA的环节和目的，必须掌握基本的业务信息。

7.2.3 引进RPA前后的比较

一般情况下，在不能进行业务可视化时，需要确认引进之前的业务流程。不过，为了对比引进RPA前后的状态，确认引进之前的业务流程也是十分有意义的。特别地，如果在整个部门或者全公司范围内使用RPA，还必须确保投资预算和可以达到什么样的效果。

因此，即使了解了业务的基本内容，也要随时掌握业务的最新运行状态。

7.2.4 新旧业务的名称

我们将引进RPA前的业务称为As-Is，将引进后的新业务称为To-Be。

二者之间的3个区别如表7.1所示。

表7.1 新旧业务的名称

旧业务	新业务	不同点
As-Is	To-Be	To-Be有两个含义：将来会变成什么样的业务和应该成为什么样的业务
引进前	引进后	强调引进新技术和新系统

因为To-Be这个词也包含应该成为什么样业务的含义，所以有些人认为对As-Is的分析并不重要。

暂且不论实现程度如何，如果给以输入和输出为主的业务设定了新的标准，确实能够形成一个全新的业务流程。

7.2.5 操作比业务的级别低

操作的级别低于业务。

虽然我们可以提前设定正确的受理业务流程以及受理后的处理流程，但是，即使设定了业务的To-Be，在实际操作中却很难百分之百地一一执行。

正如在第6章中介绍的那样，如果没有详细的操作方案，就无法设计或开发机器人场景。虽然仅靠想象也可以进行设计，但能否实际运用则另当别论。

出于这个原因，在本节之前已经尽量避免使用To-Be这个词。

在下一节中，将介绍业务可视化和操作可视化的方法。

7.3 业务可视化的方法

可视化是为了创建“业务流程”和“操作流程”。

本节将介绍三种业务可视化的方法。

为了使业务可视化和编写相关材料，常见的方式包括面谈、制作业务调查表以及实地考察。

◉ 面谈

与相关业务负责人面对面进行交流，这是最基本的方法。

◉ 业务调查表

由调查员制作业务调查表，要求相关业务负责人记录自己的工作时间和工作量。需要注意调查表的设计布局以及填写方法。

◉ 实地考察

调查员在业务相关负责人旁边观察并记录其工作状态。

以上就是三种业务可视化的方法，接下来对其操作进行更详细地说明。

7.4 面谈

面谈是业务可视化的基本方法。为了更好地设计机器人，掌握用户遇到的问题和需求十分重要。在与用户顺畅地进行交流时，面谈也很重要。

7.4.1 如何进行面谈

调查员在面谈之前，需要提前考虑询问的内容，并准备一份如表7.2所示的记录表。

在与相关业务负责人进行面谈时，需要事先说明面谈的的目的和提供相关材料。

表7.2 记录表示例

面谈项	面谈结果
业务名称	协助合同签订
业务概要	起草和保管报价单、订单、各类合同
负责的业务	起草报价单、订单
开始时间	9:00
结束时间	17:30
处理量	1天约20件
PC操作	CRM、库存管理系统、Excel
操作内容	输入（起草）、检查、发送
•	
•	

笔者之前在进行面谈时，一边查看笔记本电脑上的记录表，一边问问题，并且当场记录对方的回答。

笔记本电脑就像隔在面谈双方之间的“屏风”一样，而且在记录时也是很自然地盯着屏幕，没有一直盯着对方，因此在相互交谈时非常方便。

此外，营造友好的谈话氛围也很重要。

7.4.2 熟练的访问者

有的人在面谈时就能当场设计业务流程。

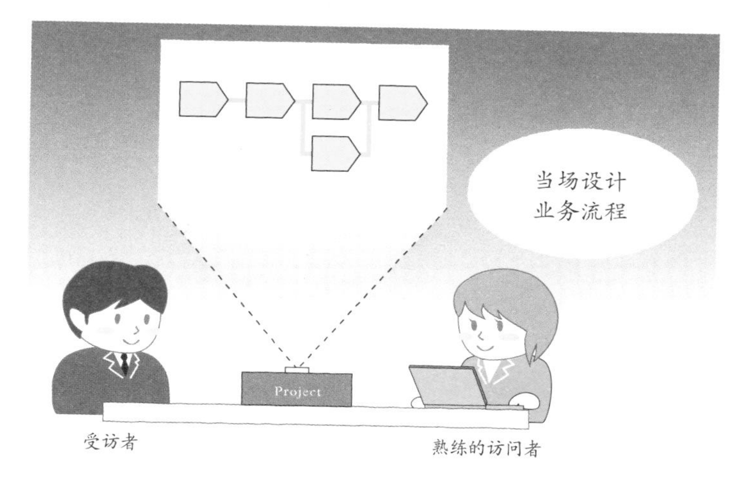

图7.3　熟练的访问者

为了使业务流程和每个人的职责可视化，像熟练的采访者这样一边面谈一边设计是最有效的。通过访问了解整个业务和每个流程的负责人，可以更好地设计业务流程。

此外，还需要了解流程中的人员变更和流程变更的情况，以掌握整个业务流程的变化。

机器人文件的设计师也需要与业务人员进行面谈。

由于面谈容易受到访问者的主观情绪影响，因此发放像7.5节中介绍的业务调查表等方法可以避免这种情况，提高客观性。

7.5 业务调查表

7.5.1 业务调查是什么

提前将业务调查表分发给相关业务的负责人，并让其在一定时期内填写相关内容。“调查表”有时又称为“调查票”。

调查表适用于调查各负责人的业务顺序、所需时间、处理量、总作业时间等。

调查表的通用格式是在垂直轴上记录时间，在水平轴上记录具体工作内容，如表7.3所示。

表7.3 业务调查表示例

时间	起草报价单		制作附加材料		发邮件	
9	1	翔泳公司	1	翔泳公司		
	1		1			
	1	↓	1	↓		
					1	翔泳公司
					1	公司内部人员
10						

在表7.3的示例中，要求以10分钟为单位记录自己的工作。可以看到，记录人从9点到9点30分在起草报价单，所以在起草报价单一栏的左侧填写3个1，在右侧填写客户的公司。

7.5.2 准备调查表时的注意事项

调查表用于直接填写，因此设计易于填写的表格非常重要。

我们可以在表格的垂直轴上记录时间，在水平轴上记录具体工作内容，时间单位不能太精细，否则难以记录。如果有的人处理的工作量太多，表格可能会不够用。这种情况需要让对方根据表格的大小进行适当地整理。

此外，虽然调查人员会在回收调查表后进行统计，但如果是纸质的调查表，则需要将大量数据输入到电脑中。因此，为了便于统计，可以设计方便记录的Excel表格或简单的Web调查程序等电子调查表进行调查。

如果是纸质调查表，受限于纸张的大小，记录者需要填写的内容相对较少，而且页面布局更灵活。而设计一个Web调查程序，页面布局虽然不太灵活，但可以减轻调查员的负担。Excel表格介于二者之间（图7.4）。

无论以哪种形式进行调查，都要以不干扰对方的正常工作为前提。

在记录工作时间和工作量等数据方面，虽然使用业务调查表比面谈更精确，但如果是手写或者人工手动输入的话，也有可能会存在一些误差。

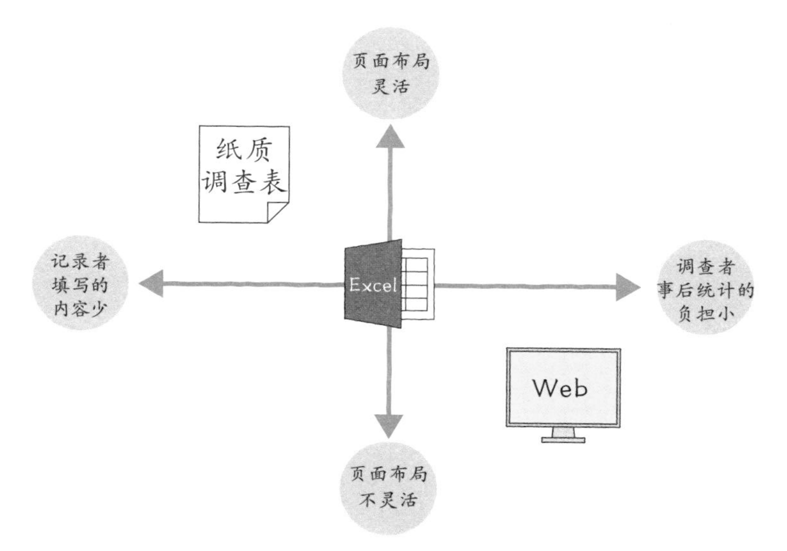

图7.4 纸质调查表、Excel与Web

7.6 实地考察

7.6.1 实地考察的方法

实地考察指调查员亲自去现场进行调查。与面谈和发放业务调查表相比，调查对象几乎没有任何负担。

调查员站在业务负责人的后面或坐在旁边观察其工作情况。

建议在调查期间佩戴“调查员”臂章。

7.6.2 实地考察时的注意事项

实地考察之前应该先确定考察内容。如果不是专业的调查员，需要提前进行一些练习和排练。

最好确定需要考察哪些方面，例如业务负责人的工作情况、业务流程和数据的输入/输情况、异常处理的频率以及处理的方式等。

此外，与发放调查表相同，需要考虑每一次考察之间应该间隔多长时间，例如半天、一天或更久。同时也要选择合适的考察时间。如果要考察日常的工作流程，则应该避免选择月末去考察。

在实地考察时，不仅需要考察实际的业务流程，还需要在考察的同时设计RPA的操作流程。

面谈和发放业务调查表只是统计了业务流程和工作时长，而实地考察时可以直接设计操作流程。

专栏 · COLUMN

业务流程和操作流程示例

以上是关于可视化的介绍，下面介绍一些业务流程和操作流程的示例。

●业务流程概述示例

先来看一个业务概述的例子。这是根据业务流程建模与标注BPMN（Business Process Model and Notation）创建的文件管理业务流程的例子。文件管理业务流程是先用扫描仪扫描需要提交给机关单位的文件，然后将其保存在电脑系统中，再添加各种信息进行集中管理（图7.5）。

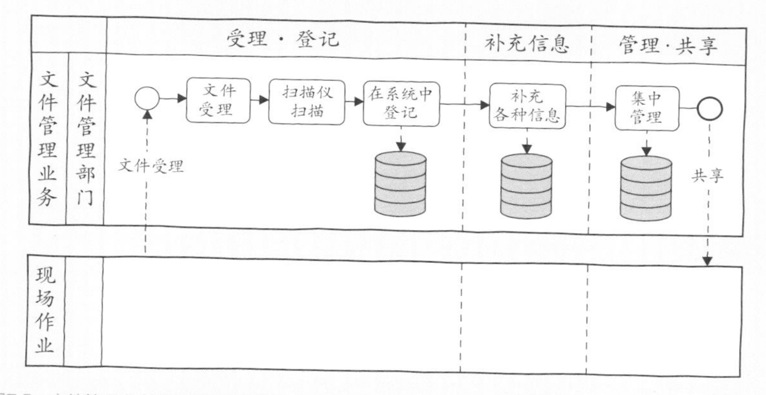

图7.5　文件管理业务的BPMN的例子

首先，管理文件的部门受理执行部门的文件。

一开始的“受理・登记”流程包括文件受理、扫描和在系统中登记。之后，进入补充信息、管理和共享流程。

图7.5中起点和终点分别用不同粗细的圆来表示，并且用圆角矩形来表示每个流程，这些都是按照BPMN的规定所绘制的。

●详细的工作流程示例

图7.6显示了某公司某业务流程的示例，实际是A3大小。在这个示意图中描绘了20多个流程（圆角矩形）。

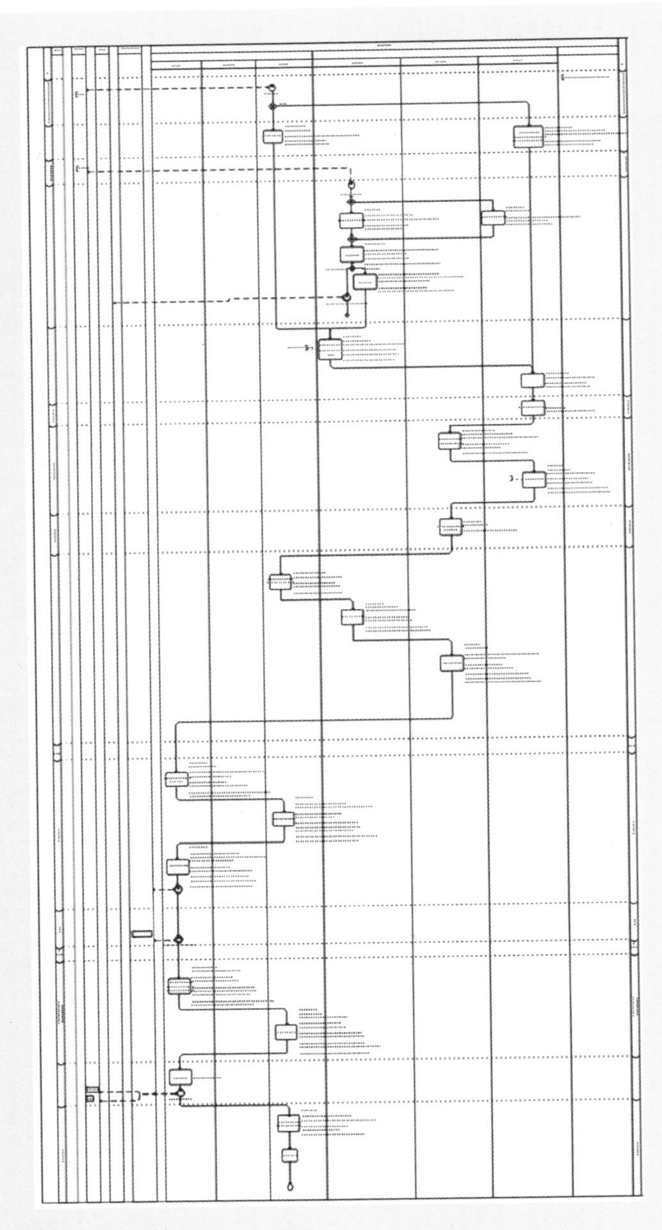

图7.6　详细的工作流程示例

这两个业务流程示例都是使用符合BPMN的软件制作的。该软件还设计了名叫iGrafx（iGraphics）的业务流程。不过实际上，大多人可能会使用Excel，Visio等来进行设计。

●操作流程示例

操作流程示例如表7.4所示。

表7.4 操作流程示例

类型	流程	系统	画面	范围	操作	桌面	引进前	引进后
受理	受理申请	–	–	–	–	–	180	180
	OCR识别	–	–	–	–	–	60	60
	数据核对1	贷款α	PC000	桌面图标	双击	LND0007、LND008、LND	10	3
			LS001	ID、PW	输入	LND0007、LND008、LND	30	
			LS005	菜单、调出申请书	点击	LND0007、LND008、LND	10	6
			LS021	申请书编号	输入	LND0007、LND008、LND	30	
				区分商品、金额、预定日期	检查有无数据	LND0007、LND008、LND	90	

上表显示了用Excel创建的部分操作流程。

共享完图表之后，可以实现操作的可视化。

7.7 To-Be设计的起点：机器人图标

业务可视化有两个主要原因：一个是了解As-Is即当前业务，另一个原因是在引进RPA后为To-Be提供参考。

本节将对机器人图标进行介绍。

7.7.1 机器人标记是什么

机器人标记是表示机器人的草图。

引进RPA可能会涉及执行部门、信息系统部门及其他部门。尤其是在全公司范围内引进RPA时，涉及的相关工作人员的数量将相当可观。

因此，对于那些不熟悉系统的人来说，如果能够向他们展示操作示意图，就能明白需要在业务的什么地方使用RPA进行什么样的操作，并能快速普及（图7.7）。

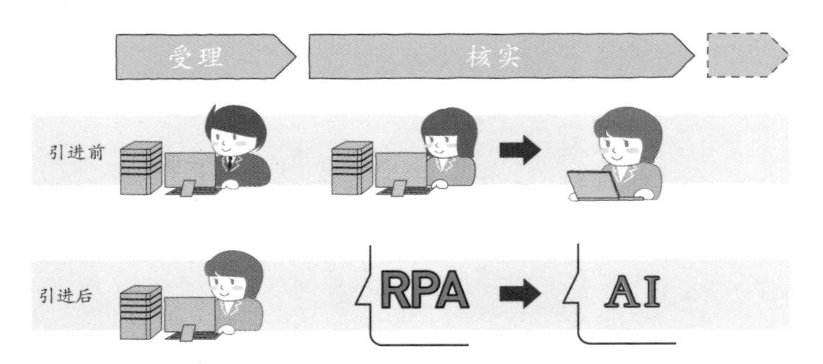

图7.7　机器人图标示例

通过这种方式可以用生动形象的图标来表示人、RPA、AI等。设计这些图标并没有特定的规则，最初设计出来的这些机器人图标如今得到了广泛使用。

7.7.2 设计To-Be

在工作可视化的基础上，可以使用这些机器人图标来设计引进RPA后的蓝图。比如，可以在需要引进RPA的地方插入这样的机器人图标。

通过前面的介绍，想必大家都应该明白了，如果对自己目前负责的业务还不太了解，就无法想象引进RPA之后的业务情况。因此有必要进行To-Be设计。

7.8 操作可视化的方法

7.8.1 业务可视化和操作可视化之间的关系

操作可视化是在业务可视化后，可以更直观详尽地展示每一步操作的过程。

在业务可视化后，需要将实际使用RPA的操作进行可视化。

当然，如果已经进行了业务可视化，则只需关注操作的可视化。

7.8.2 计算机操作的可视化

计算机操作的可视化主要有两种方法，即对应用程序的使用状态进行调查和对相应的页面进行调查。

◉ 对应用程序使用情况进行调查

该方法是在计算机上安装专用软件，获取“应用程序使用状态”和“文件使用状态”等信息。

RPA旨在替换那些处理时间长且频繁的操作。使用专用软件，可以在几秒钟内测量准确的使用时间，从而能够清晰掌握每个操作所需的时间和人力，达到可视化的效果。

◉ 对操作画面进行调查

从Windows上获取负责人的操作记录，是最接近机器人文件设计的调查。需要明确在每一个操作中，页面是如何转换以及应该聚焦在页面的什么位置。

下一节将介绍这两项调查的具体示例。

7.9 应用程序使用状况调查示例

本节主要介绍使用软件对终端操作的使用情况进行调查的示例。

用RPA替代的基本上都是执行时间较长的操作。如果执行时间较长，则该操作在整个应用程序的执行时间中所占的比重会很大。

本调查的对象是软件，因此也要用软件进行调查。

7.9.1 利用软件进行调查

利用软件进行调查，是测量应用程序执行时间最准确的方法。在相应的操作终端上预先安装专用软件对执行时间进行测量。

在实际测量之前最好先进行测试，否则无法顺利进行测量，甚至可能发生故障。

利用软件进行调查的优势在于可以在几秒钟内测量准确地使用时间。

用于调查使用的软件有很多种。如果强调性能，或者将效果验证委托给外部合作伙伴，则应与合作伙伴方进行协作。

通过对监控每台电脑的安全软件日志进行分析，也可获取与专用软件相同的信息。

如果是在自己所属的公司进行调查，应该确保是否可以在信息系统部门内使用该调查软件。调查后不要忘记卸载。

7.9.2 实际调查示例

以下是一些实际调查应用程序使用情况的示例。笔者在计算机上编写本书时，接受了对正在使用的Word和Excel等软件使用情况的调查。

在该调查中，使用的是免费软件“ManicTime”进行调查，如图7.8所示。右侧是调查对象的开始使用时间（测量开始时间）和结束时间，图7.8的右上角显示的是1小时29分钟。

在此期间，电脑并未停止工作，仍然使用多个应用程序，每个应用程序的使用状态都以不同颜色标出。

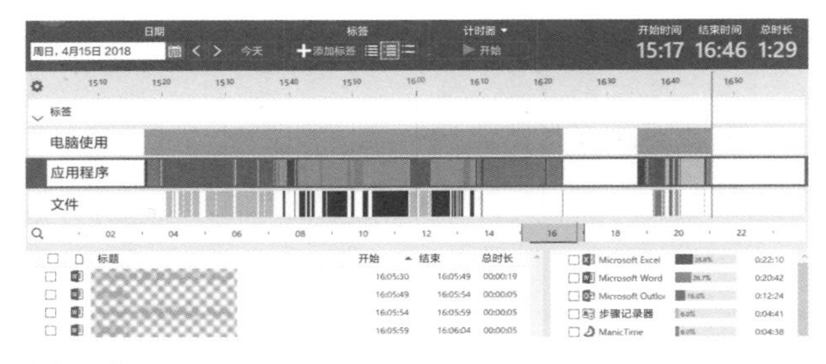

图7.8　应用程序的执行时间

另外值得注意的是，在图7.8右下方的窗口中，可以看到每个应用程序的执行时间，左边的面板显示的是使用每个文件的使用时间。

将右下角的面板放大后，可以看到Excel和Word的使用时长（图7.9）。

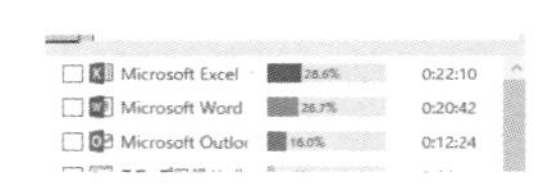

图7.9　每个应用程序的执行时间

如果将RPA运用到那些执行时间长的操作中，效果会大大提高。重要的是要用数字来表示实际执行了多长时间，是否会真的耗费时间较长。

下面介绍如何使用免费调查软件。

在调查对象的计算机上安装和进行效果验证时，需要注意以下三点。首先，绝对不能中断原来的业务。

①在具有相同规格和软件配置的计算机上预先测试它是否正常工作

尤其是提前确认是否有占用内存大的软件或业务系统。

②提前了解日志需要多大的内存

对于获取和分析操作日志的软件，要确认日志所在的文件夹。由于某些文件夹的可用空间会发生变化，因此需要提前做出预判。

③调查时间和数据采集时间

与业务可视化一样，需要选择调查对象执行操作的时间。

在进行调查之前，记得清除以上测试内容。

7.10 操作画面调查示例

在考虑使用RPA时，不仅要考虑需要引进RPA软件的使用状态和执行时间，还要了解操作画面的转换，然后才能设计和开发机器人文件。

本节将介绍一种记录和将操作员的操作画面可视化的工具——PSR。

笔者在向客户提供引进RPA服务时，也使用过PSR进行可视化。Windows 7及以下版本的计算机操作系统中会自带PSR，因此不需要额外花费成本。PSR是一个具有出色功能的十分有用的工具。

7.10.1 PSR是什么

在Windows中，PSR也被称为“问题步骤记录器”，它是一种自动记录电脑操作画面的工具。

PSR通过捕捉点击窗口的鼠标操作画面和键盘操作画面进行记录，还可以跟踪正在执行的操作以及记录屏幕转换。

7.10.2 如何启动PSR

按下Windows+R组合键后，会弹出“运行”对话框，如图7.10所示。输入psr后单击“确定”按钮，将出现一个标题为“步骤记录器”的小窗口，如图7.11所示。

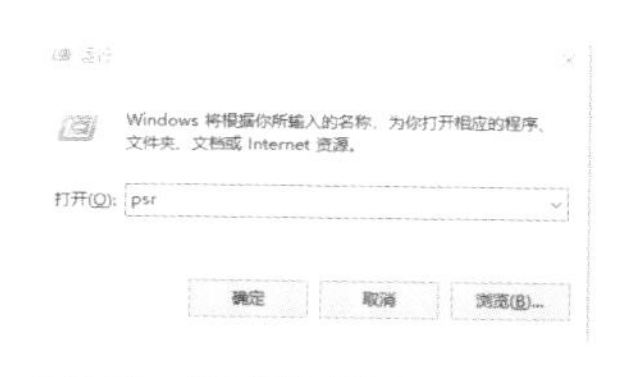

图7.10 “运行”对话框

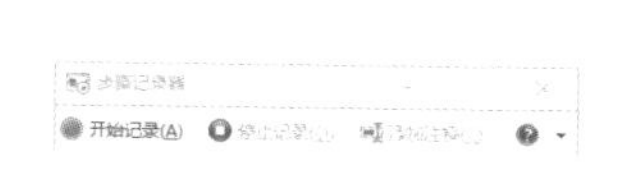

图7.11 步骤记录器

7.10.3 如何使用PSR

单击“开始记录”按钮，即可开始记录。

完成记录后，单击“停止记录”按钮。

移动鼠标指针的箭头，当箭头上显示红色圆圈时即开始执行屏幕捕获。例如，可以在Excel工作表中复制工作站名称，并将其粘贴到路径信息站点上，以查看路径和时间。图7.12是在预览中显示的操作内容。

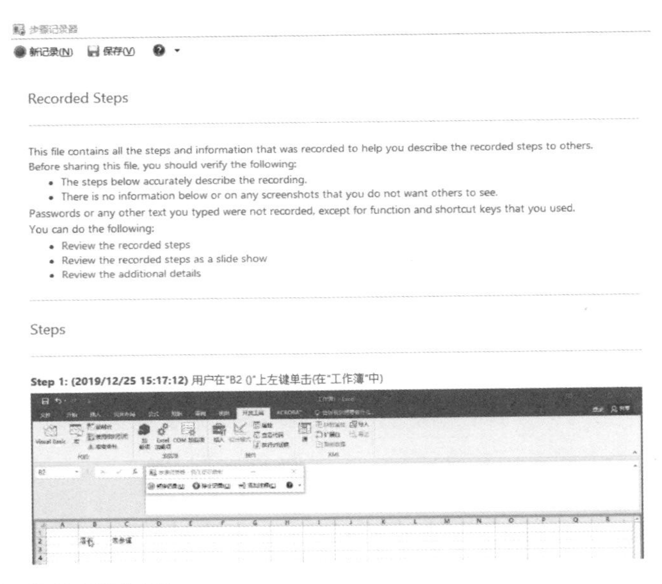

图7.12　在预览中显示操作内容

步骤录制工具包括Review the recorded steps（查看录制的步骤）、Review the recorded steps as a slide show（以幻灯片形式查看录制的步骤）和Review the additional details（查看其他详细信息）三种查看方式。

如果要当场确认，可以使用第二个以幻灯片形式查看。想要保存记录，则单击“保存”按钮即可，不想保存则在关闭窗口时选择“否”。

文件会以ZIP格式保存，解压后会出现mht文件。打开后将启动Internet Explorer，即可看到刚刚预览过的画面。

图7.13显示了正在复制输入了数据的单元格的画面示例。

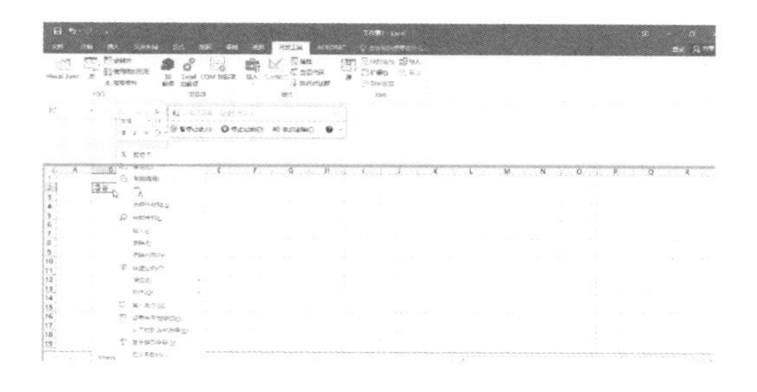

图7.13 预览示例

单击步骤录制工具右下角的▼按钮，在下拉列表中选择“设置”选项，则可以设置要保存的图像数量和其他设置（图7.14）。

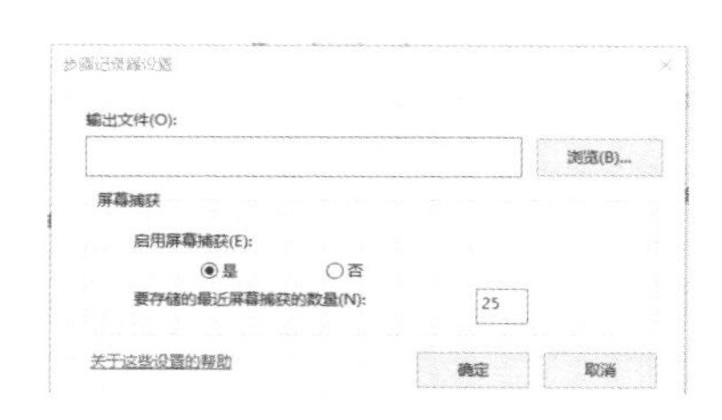

图7.14 设置步骤记录器

要存储的最近屏幕捕获数量的默认值为25，如果需要设置更多，可以在数值框更改数字。

专栏 · COLUMN

英语需要达到什么水平

正如第6章关于机器人开发的介绍中所述，目前大多数产品都是英文版，因此有必要对各产品的英文表述进行简要说明。

在深入学习和开发RPA的过程中，可能有的人会有这样的疑问："英语需要达到什么水平？"笔者认为英语需要达到托业考试成绩约为500分的水平。

这个水平意味着可以无障碍阅读英文说明书。第6章中有英文说明书的原图，如果基本上能看懂，则在理解上没有问题。

●英语考试

下面是一个英语小测试，其中有一些是产品界面和英文说明书上的英文单词，请将这些英文单词翻译成中文，只需要知道大致的意思即可。

①object、property　②attribute　③variables　④extract　⑤interrogate

至少应该能够看懂object和property，前几章曾经出现过这两个单词。

object通常翻译成物体、目标、宾语等。在面对对象编程中，它指的是编程所需的各种要素，例如部件和变量等。

property通常翻译成财产或房地产等，在编程中意为开发资产，或者是特性、属性等。类似的词还有attribute，也意为属性。

variables意为变量。接下来的几个单词稍微有点难，extract意为提取、抽取等，interrogate意为询问、调查等，通常用于表示数据检索和数据库查询等。

●WinDirector的读法

WinDirector是一款新发布的管理工具，读法是"Win Director"。

第 8 章

用户需求和系统开发

8.1 用户需求

8.1.1 整理用户需求

在整理用户需求的过程中，应该以操作可视化后创建的操作流程为基础，掌握用户对机器人操作提出的要求。

在之前的章节中，已经在业务可视化的基础上创建了业务流程，以及在操作可视化的基础上创建了操作流程。同样，在整理用户需求时，需要创建一个机器人流程（8.3节）。

8.1.2 机器人流程

根据操作流程，创建一个如何操作机器人以及执行何种处理的流程。

第6章介绍了多个产品的开发步骤示例，如果有机器人流程，机器人的开发将更加容易。

机器人流程包括工作表和流程图。

8.2 功能需求和非功能需求

8.2.1 机器人开发中的功能需求和非功能需求

功能需求指的是在用机器人取代人工操作的过程中，在什么地方如何运用机器人这个最本质的问题。进一步从需求分析的角度来说，在机器人开发中不仅有功能性需求，也有非功能性需求。

将每个部门使用系统的个人用户，对整个系统的性能、安全性、操作、机器人文件的更改和添加规则的所有要求，进行收集和整理是很困难的，这些非功能性需求应按照整个公司的统一标准进行整理。

8.2.2 不要忘记非功能性需求

作为开发人员，如果只专注于用户需求以及单个机器人的设计和开发，很容易将非功能性需求遗忘。对于End User Computing（EUC・4.8节参照）开发的机器人尤其如此。因为它不涉及负责整个公司系统的信息系统部门。

笔者将系统和应用程序的性能牢牢记在脑海中，以防忽视非功能性需求。曾经有一段时间笔者专门从事无线系统，因此养成了经常思考从应用程序开始处理到无线设备发出反馈过程的习惯。在RPA中，就是从开始处理到完成执行的过程。

因个人经验不同，每个人能联想到的关于性能的信息可能会有所不同。要能时刻牢记“性能=非功能性要求”，时刻提醒自己“是否确认了其他非功能性要求？”时常思考这些与非功能性要求相关的问题，就可以避免在开发过程中忽视非功能性需求。

8.2.3 定义非功能性需求的时间

在创建操作流程之后，应该确定业务需求、功能需求和非功能需求。但是，要想定义非功能性要求，仅仅开发一个机器人是远远不够的。只有在开发多个机器人之后，才能对非功能性需求进行定义。

8.3 利用工作表

在7.6节的专栏中，我们介绍了操作流程的示例，该示例操作流程是用Excel进行创建的。接下来将介绍一种以工作表的形式汇总用户需求的方法。

8.3.1 操作表和自动化

操作表是用于将当前业务流程中的操作可视化的表格。

值得注意的是，并非操作表中的所有操作都可以实现自动化。有些操作可以自动化，有些操作则更适合人工执行，还有的操作则适合运用其他技术。

开发人员应该从以下三个方面进行思考（图8.1）。

- **哪些操作可以自动化？**
- **自动化有效吗？**
- **应用其他技术的可能性。**

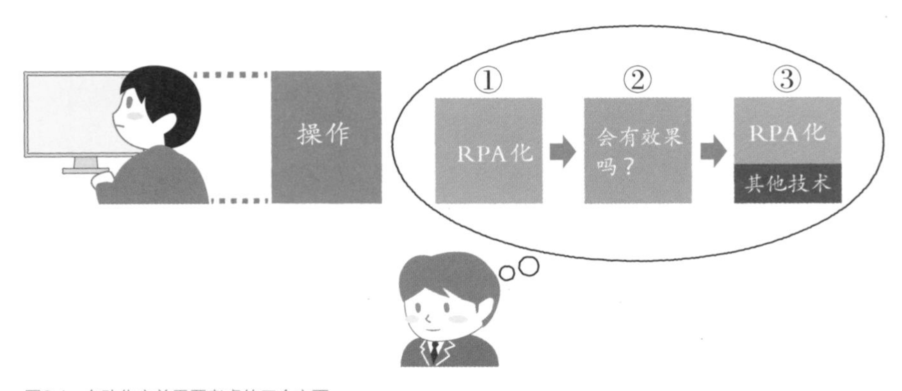

图8.1　自动化之前需要考虑的三个方面

如果要引入包括RPA在内的新技术，就必须了解机器人的开发以及与RPA相近的技术。

8.3.2 使用工作表整理用户需求

本节将介绍使用操作表整理用户需求的方法，即在7.1节的操作流程中另外添加两个步骤。

①在工作表上绘制自动化范围

在表7.4操作流程的基础上，在左右两侧添加专用字段。

②记录执行时间之类的信息，以便掌握机器人开始执行操作和结束执行操作的时间

在表7.4操作流程的基础上，在工作表上添加几列表格记录执行时间等。

表8.1　工作表示例

类型	流程	系统	画面	范围	操作	桌面	引进前	引进后	（1）RPA	（2）开始/结束
受理	受理申请	–	–	–	–	–	180	180		
	OCR识别	–	–	–	–	–	60	60		
	数据核对1	贷款α	PC000	桌面图标	双击	LND007、LND008、LND	10	3	○	Scheduler ↓
			LS001	ID、PW	输入	LND007、LND008、LND	30		○	
			LS005	菜单、调出申请书	点击	LND007、LND008、LND	10	6	○	Open LS005 ↓
			LS021	申请书编号	输入	LND007、LND008、LND	30		○	
			LS022	区分商品、金额、预定日期	检查有无数据	LND007、LND008、LND	90		○	

在表8.1中，“（1）RPA”单元格表示有无运用RPA，“（2）开始/结束”单元格表示RPA开始执行和结束执行的时间。“（2）开始/结束”一列中的“Scheduler”表示按照调度程序启动RPA。

操作流程虽然也能表明用户关于自动化的哪些需求应该被实现，但是如表8.1所示，添加需要引进RPA的具体项目，可以使应该实施自动化的范围更加明确。

8.4 使用流程图

8.4.1 按照流程图操作

上一节提到了工作表的使用。在表示业务流程的方法上，流程图可能比工作表更一目了然。

本节将介绍用流程图表示操作流程的示例。

之前已经介绍了BPMN的相关应用，但还没有设计一些像键盘输入和数据检查等具体操作的特定符号，所以很难直接用流程图去表现这些具体操作。不过，通常业务流程本身就是用流程图创建的，因此也有人直接在业务流程的基础上创建流程图。

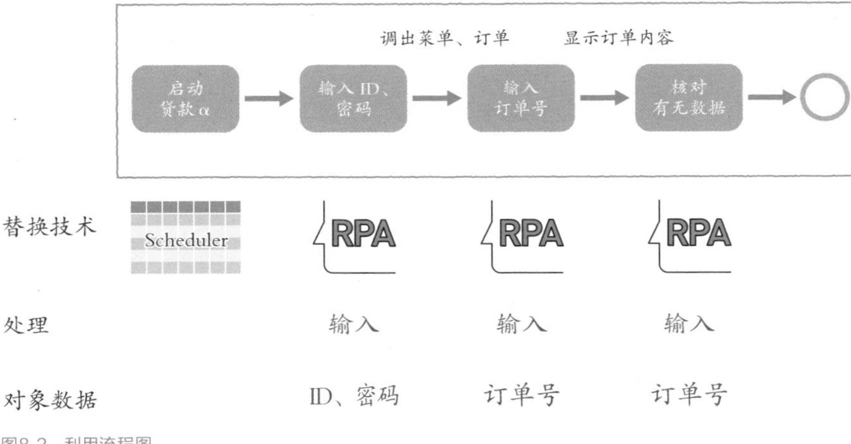

图8.2 利用流程图

在图8.2中，虽然只使用了RPA图标，但是也有流程图用图标来表示RPA进行数据输入、核对等操作。

我们可以根据不同的用途，设计易于肉眼区分的图标。流程图可以用图来表示各项操作，与工作表相比更加简单易懂、清晰明了。不过，绘制效率的高低则取决于所用的工具。

8.4.2 机器人操作和明确对象

工作表的顺序是从左往右，而流程图的顺序是从上往下。

在图8.2的下半部分中，如果增加具体的机器人操作和对象数据，则会更容易让人理解。

根据内容的不同，需要使用不同的图示。刚开始绘制流程图时可能会花费一些时间，等到逐渐习惯之后便会得心应手。

8.5 将工作表和流程图结合的混合型

整理用户对机器人的要求的方法也在日益改进。最开始介绍用工作表来表示操作流程的类型是最基本的方法，让用户更易于理解的流程图类型则是在不断改进的过程中创造出来的。

接下来我们一起来了解将二者结合起来的混合型表示方式。

混合型指的是将用Excel创建的工作表和流程图进行组合的类型。这是一种将文字和图片完美结合起来的方式（图8.3）。

系统	贷款α			
操作	启动贷款α	输入ID、密码	输入订单号	核对有无数据
范围	桌面图标	ID、PW	订单号	区分商品、金额、预定日期
人／工具	Scheduler	RPA	RPA	RPA
开始／结束		▶		■

图8.3　混合型示例

图8.3所示的混合型示例将纵向排列的工作表更改为水平排列，并添加了更多标记，更加生动形象、易于理解。

混合型既有像工作表这样的表格形式，也有让人一目了然的图标，比如用▶标记表示RPA开始执行操作，用■表示操作停止。

混合型的优点在于，除了具有工作表类型的基本功能之外，还用图形符号表示一些具体操作，使得整个图表更容易理解。

8.6 RPA系统开发并不容易

在第6章中介绍了开发机器人的例子，如果已经习惯了不断学习和开发的过程，机器人的创建将会顺利进行。

例如，假设要用机器人替换人工操作。在这种情况下，如果有RPA软件的开发环境，则可以一边对照对象操作，一边思考机器人的操作方案，以设定和开发机器人文件，而且创建出的机器人可以立即使用。

仅仅开发和创建个人用的机器人，应该不成问题。但随着开发的机器人数量增多，则另当别论。创建单个机器人可能很容易，但开发包含多个机器人的RPA系统并不是那么容易。

事实上，企业会经常引入新系统。在更新核心系统时，通常使用一个大型的“One System”。“One System”指的是单个系统，即所有员工都使用相同的系统。

例如，全公司都在使用的CRM系统，无论哪个员工进行操作，输入和显示客户编号的方法都是相同的。又比如，在考勤管理系统中所有员工的休假申请都需要走相同的流程。

企业在开发和使用系统时，基本上都会使用“One System”。当然，CRM的“One System”和考勤管理的“One System”是全公司范围内的多个“One System”的集合。

然而，在使用RPA的情况下，用户使用的机器人是不同的。

有开发或运营此类系统经验的人应该知道，为了方便用户自身使用，虽然可以使用电子邮件软件或调度程序进行自定义，但基本上此类应用程序和系统都是“One System”，从图8.4中就能看出这一点。

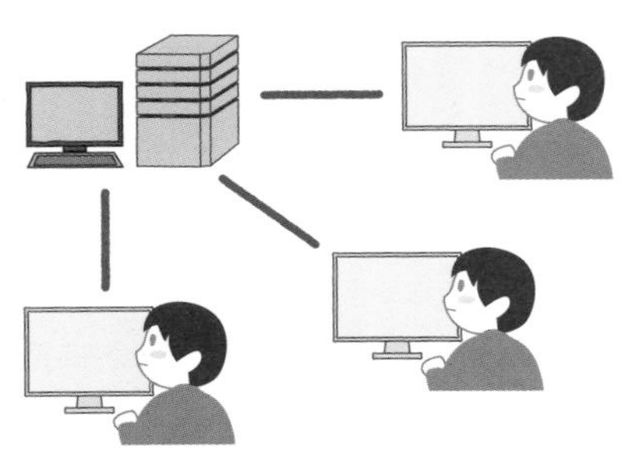

在普通系统中
用户使用相同的 UI 和相同的工作流程

在 RPA 系统中
用户看到的机器人文件是不同的

图8.4　不是One System的RPA系统

在普通系统中，用户在同一工作流程中进行处理，看到的界面都是一样的，但在RPA系统中，用户看到的机器人文件是不同的。

机器人开发本身并不难，但是当涉及整个系统时，需要开发的类型就会增多，工作量会增大。

8.7 瀑布开发模式和敏捷开发模式

在系统开发中，采用何种方法非常重要。

同样，在机器人开发中，也需要慎重选择瀑布开发模式还是敏捷开发模式。

8.7.1 瀑布开发模式

即使是现在，瀑布也是业务系统开发的主流。瀑布开发模式主要包括需求分析、概要设计、详细设计、开发•制造、集成测试、系统测试和操作测试等阶段。瀑布开发模式已经有很长的历史，最开始的软件行业普遍采用这种模式。

8.7.2 敏捷开发模式

敏捷开发模式指的是与用户进行合作，在短时间内将软件项目或程序项目切分成多个子项目，并对各个子项目进行需求分析、开发、测试和发布的一种开发类型，如图8.5所示。

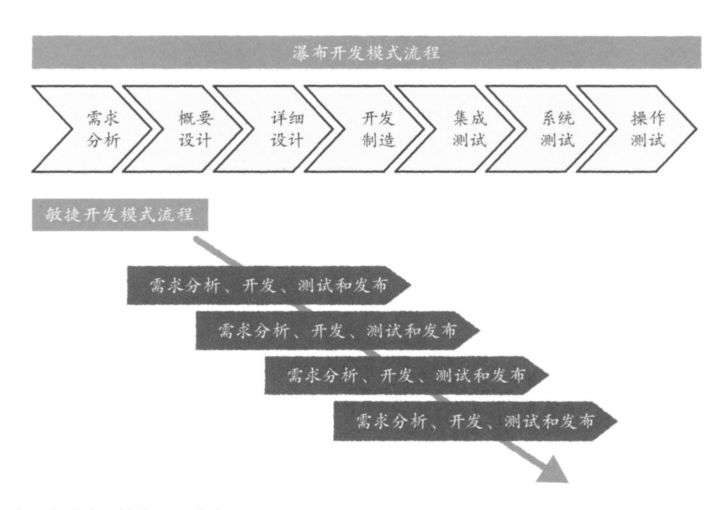

图8.5 瀑布开发模式和敏捷开发模式

在瀑布开发模式中，每个阶段必须在进入下一阶段之前完成。但敏捷开发模式是以系统或应用程序的单个子项目为单位进行开发的。

在整个部门或全公司范围内的大规模机器人开发时，需要慎重选择瀑布开发模式或敏捷开发模式。

8.7.3 瀑布开发模式与敏捷开发模式的选择

笔者认为贴近用户需求的敏捷开发模式更适合RPA。如6.7节专栏中所介绍的，RPA的应用程序也是根据不同的用户需求而有所不同。

今后，在各种场景中机器人开发的经验的基础之上，一定会形成一种专门用于RPA的敏捷开发模式。

8.8 RPA的敏捷开发模式

8.8.1 现场示例

在开发以用户为核心的机器人时，比如构建小型的RPA系统或进行EUC开发，敏捷开发模式正变得越来越普遍。最常见的例子就是机器人开发人员坐在用户旁边，一边询问用户的需求，一边创建机器人，并进行设定、开发和调试的场景。

在这种模式中，直接从RPA软件中打印出来的场景设计表可以代替需求分析报告和说明书。

图8.6显示了RPA系统的一个开发场景。开发人员坐在用户旁边，一边分析用户需求，一边在现场进行开发。

图8.6 敏捷开发模式场景

8.8.2 在现场进行敏捷开发的注意事项

如上所述进行敏捷开发，可以加快开发进程。

但是，在敏捷开发中需要牢记，“机器人文件开发≒系统开发”是不成立的。

如8.2节中所述，在系统开发之前需要对包括非功能性需求在内的需求进行分析。但在现场进行敏捷开发时，并没有对非功能性需求进行分析。例如，在开发用于替换人工操作的机器人文件时，用户需求就是用RPA替换操作本身，不存在非功能性需求。

因为如果自己的工作可以被RPA替换，对于个人用户而言，非功能性需求倒不是很重要。但是从部门或大量机器人文件的管理角度来说，非功能性要求则非常重要。

一般要注意以下几方面的问题：

安全性：机器人文件、整个系统。

性能：机器人文件所需的性能。

更改/添加：更改或添加机器人文件。

操作：机器人文件、整个系统的运行。

在敏捷开发模式中制作、发布和利用机器人时，往往容易忽略上述内容。

每个机器人都需要经历需求分析、开发、测试和发布阶段，但是有必要在其中的某个阶段，对一些共通的非功能性需求进行定义。

第9章

RPA的引进流程

9.1 引进过程与机器人开发地位

9.1.1 引进RPA的五个阶段

引进RPA包括以下五个阶段：总体规划、机上验证、PoC、评估·修改和引进·构建，如图9.1所示。

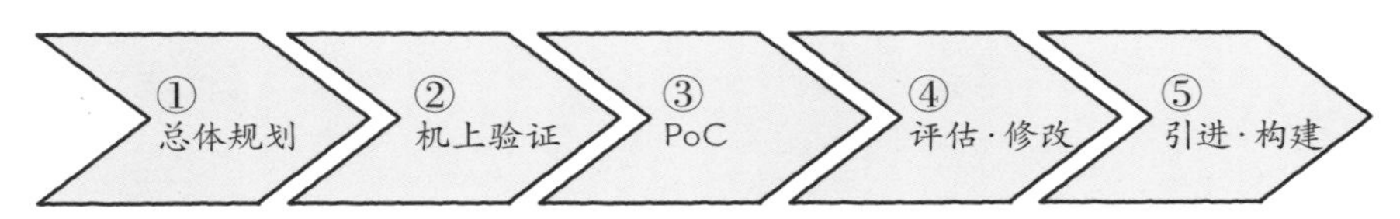

图9.1　引进RPA的五个阶段

◉ 总体规划

总体规划包括确立RPA引进策略，确定引进的范围、对象区域以及日程安排和制度等。在2.4.1小节的介绍中，RPA引进策略以人力资源转移为中心，主要分为四大类。如果在全公司范围内引进RPA，则需首先与高层管理人员商量引进战略。如果在一个部门内引进RPA，则需与部门负责人进行沟通。

◉ 机上验证

事先确认能否达到预期效果。

如果在全公司范围内引进RPA，需要根据机上验证的效果进行投资预算。在部门内引进RPA时，如果相关人员对业务本身不是很了解，则需要在此过程中将业务可视化之后，再进行下一步引进工作。

◉ PoC

PoC是英文Proof of Concept的缩写，意为“概念验证”。

PoC是指在引进RPA的业务中，对事先预想的操作过程能否实现进行验证的过程，也称为“实证实验”。

◉ 评估・修改

根据PoC的结果，修改引进的范围、区域、进度表等。这是确保成效的必经阶段，在过程中也有可能会修改总体规划。

◉ 引进・构建

在以上四个步骤的基础之上，将进入系统引进和构建阶段。

在引进・构建阶段开始之前，通过机上验证和PoC已经对初始总体规划进行了评估和修改，使规划更加准确。

目前，一些已经引进RPA的公司的做法是，先在一个有限的范围内进行PoC，然后再制定总体规划。

现在，各企业或单位有各种各样的引进方式，一般流程如图9.1所示。

9.1.2 在引进过程中机器人开发的地位

系统开发是在整个引进活动的最后阶段，即引进・构建阶段中进行的。而机器人文件的开发一直都是整个引进活动的重中之重。不过整体的系统开发也很重要。

在这里再次强调机器人开发在整体的引进过程和系统开发过程中的地位，如图9.2所示。

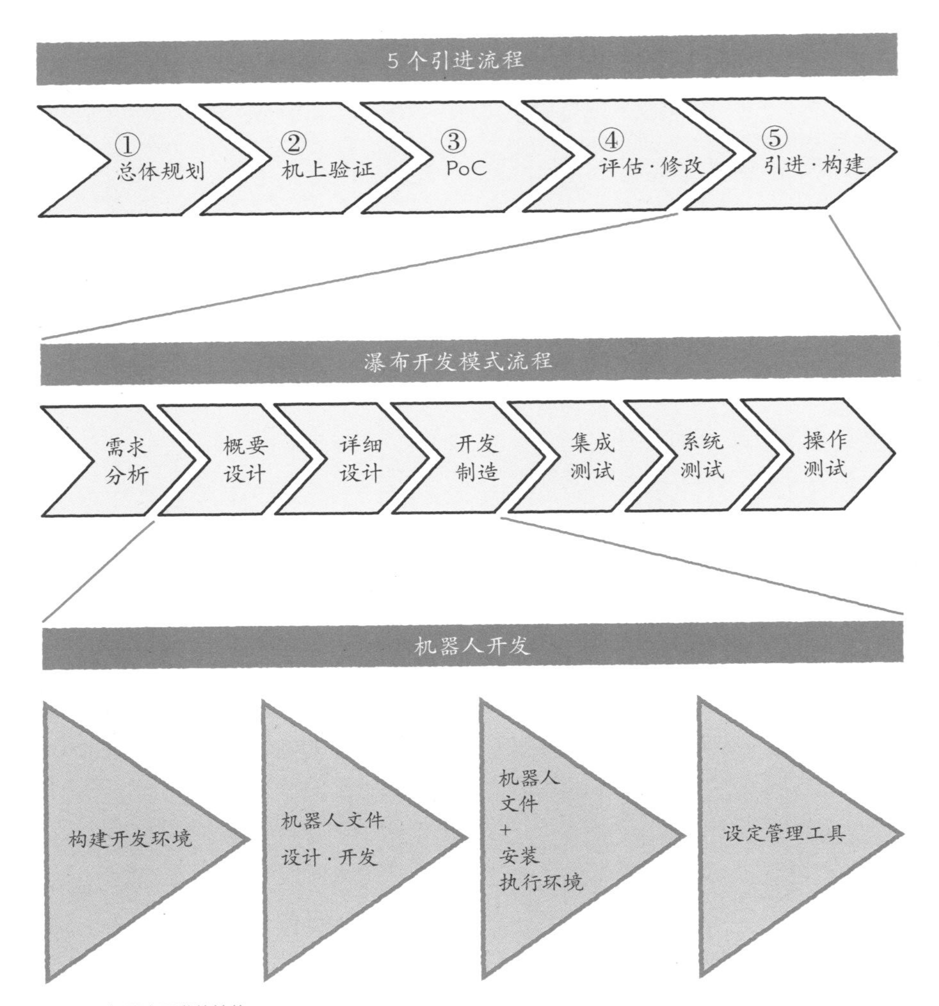

图9.2　机器人开发的地位

机器人开发虽然是RPA系统的核心，但是从整个引进过程来看，它也只是其中的一小部分。

在下一节中，将详细介绍每个引进流程。

9.2 总体规划

9.2.1 总体规划与PoC

总体规划指的是，在制定了ICT战略和RPA引进战略后，对引进的范围和顺序以及推进体制和进度等进行整体的规划。在大规模引进RPA的情况下，还需要在整个规划过程中确保投资预算。

在一部分主流业务中提前进行PoC，并根据PoC的结果计算所需的费用，如图9.3所示。

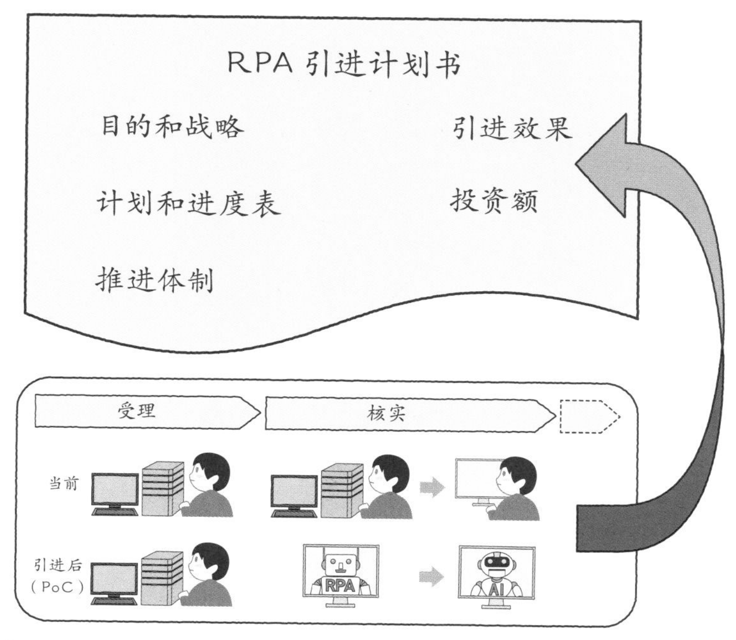

图9.3　总体规划与PoC

9.2.2 在全公司范围内引进

一些率先引进RPA的公司已经在全公司范围内开始使用RPA。根据公司或企业的规模大小不同，有的引进计划可能是2~3年的中期计划，也有可能是长达5年左右的长期计划。无论是中期计划还是长期计划，都取决于企业规模、业务类型、业务量以及引进的区域。

9.2.3 总体规划示例

图9.4显示了某企业总体规划的时间表，包括制定RPA引进战略、制定计划前的验证阶段和制定最终计划这3个阶段。该总体规划已经实施了大约半年。在其后的机上验证阶段中，将每个业务都进行了可视化，并进行了效果验证。

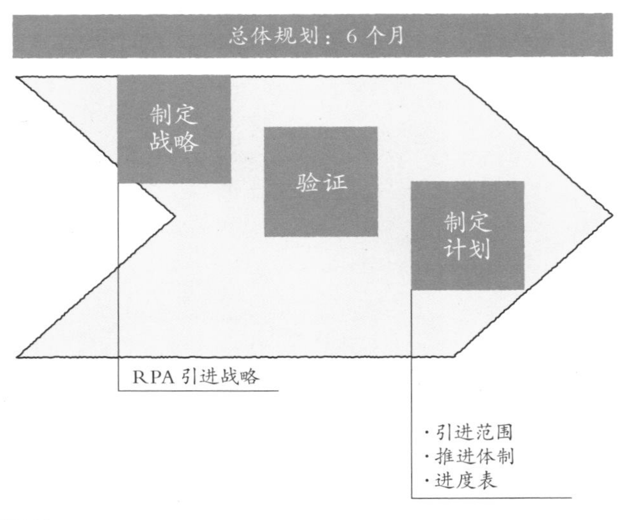

图9.4 总体规划示例

在对计划进行验证的过程中，为了在高层会议上获得批准和确保投资预算并通过体制审核，需要选择一些主流业务，并在两个月内验证引进RPA后取得的效果。然后根据得到的验证结果制定最终的引进计划。

9.2.4 确定对象区域

关于如何确定实际引进RPA的业务和区域，有很多例子以供参考，如图9.5所示。

◉ 业务分级

将不同的业务分为大、中、小或者轻、重，优先考虑确定能够实施的小型业务或轻型业务。

◉ 业务分类

将适用于引进RPA的常规业务（如数据输入和核对）和需要人的判断或物理操作的非常规业务分开，从前者开始引进RPA。

◉ 预算和工作量的限制

以预算和人手为前提，结合业务分级和业务分类综合考虑。

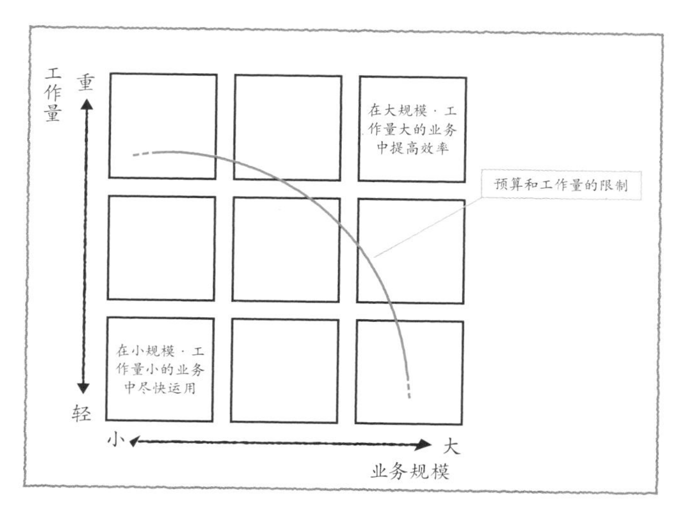

图9.5 业务分级和预算限制的示例

图9.5是基于业务分类和预算限制的例子，以中小型业务为对象区域。

设定KPI

接下来将介绍与确定业务对象领域有关KPI（Key Performance Indicator：关键绩效指标）的设定。

制定计划后，在对象区域引进RPA时，需要提前设定关键绩效指标。

以下是KPI的一些主要示例。

①人员数量或需要开发的机器人数量

用机器人取代人时，很容易知道二者的数量关系。例如，用一个机器人替换一个操作员的操作。

②业务流程数量

如果业务中的特定流程可以用机器人替换，效率肯定会大大提高。引进RPA的目标之一就是替换人工流程或操作数量。

③工作时间

节省工作时间也是引进RPA的目标之一。例如，如果用只需要1小时运行时间的RPA取代需要花费4小时的人工操作，这样就能够节省3个小时的工作时间。

④效果

除了上述②和③的目标之外，引进RPA更大的目标就是提高效率和提高生产力。例如，以提高20%的效率为目标。

除了①到④之外，还可以制定任务列表，对任务是否完成选择Yes／No进行评价。虽然在制定总体规划时很难设置非常细致的KPI，但也要将各方面因素考虑周全。

9.3 机上验证

9.3.1 机上验证的两个阶段

机上验证在RPA引进过程中起着重要作用，它包括第7章中介绍的业务和操作的可视化。

机上验证可以在总体规划确立之后进行，也可以分为几个阶段逐步执行。

尤其是在全公司范围内引进的情况下，由于涉及的投资额较大，为了通过高层会议的批准和对引进体制的审核，以及确保投资预算，需要在对总体规划进行验证后，再对每个业务进行机上验证。

不过，如果是在部门内引进或小范围内引进，则无须分阶段进行机上验证。

◉ 分阶段进行机上验证的示例

以下是分阶段进行机上验证的例子（图9.6）。首先在制定总体规划的同时对RPA进行验证①，然后对每个业务进行验证②，再进入引进・构建阶段。

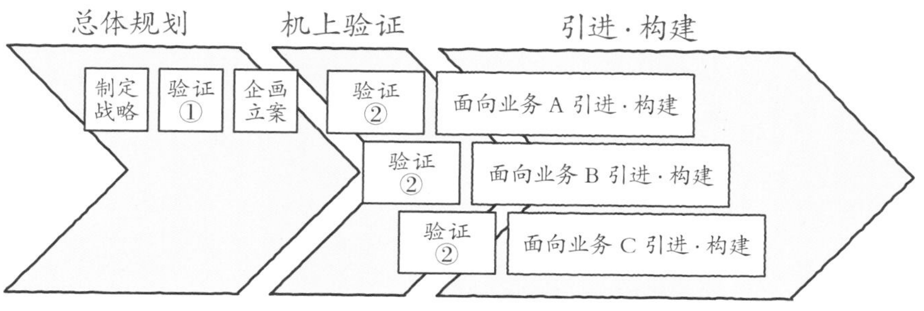

图9.6　分阶段进行机上验证的示例

9.3.2 在机上验证阶段创建的文档示例

以下是在机上验证阶段创建的文档示例（表9.1）。

关于业务流程和操作流程，请参阅7.2节的内容。

表9.1　在机上验证阶段创建的文档示例

验证①

项　目	摘　要
目的	判断可能/不可能，选定适合引进RPA的业务，为了通过高层会议的批准，获取相应数据、进行预算编制和投资前的准备
验证内容	业务流程级别
参考资料（示例）	业务流程、业务手册、业务指南、各类业绩报表、与相关人员进行面谈
建成后的文档（示例）	当前业务流程、当前业务总览表、引进RPA后的业务流程、引进后的业务总览表

验证②

项　目	摘　要
目的	安装RPA之前的准备（准备进行PoC）
验证内容	操作级别
参考资料（示例）	操作流程、操作手册、操作指南、系统数据、与相关人员进行面谈
建成后的文档（示例）	（当前操作流程）、引进RPA后的操作流程

专栏 · COLUMN

对引进RPA的态度

以下介绍企业或单位在引进RPA时的两种做法。

企业或单位在引进RPA时，主要有两种方式：一是直接用RPA取代机械性常规工作；二是首先对整个业务流程进行评估，然后在需要使用RPA的地方引进（前者称为“替代派”，后者称为“业务改革派”）。

从最新的引进情况来看，目前又出现了一个新的“RPA派”。

●替代派

这是在刚开始使用RPA时就有的传统方式，主要是利用RPA替代一些机械性常规工作。

业务流程本身并无变化，且应用领域有限，因此引进过程几乎没有困难，可以在短时间内看到成效。

●业务改革派

业务改革派主张将引进RPA作为业务改革的一个环节。

在进行业务改革时，对当前业务进行可视化后，设计新的业务流程。RPA作为一种解决方案被引进到新业务中。

此外，为了优化业务也考虑使用其他技术，而不仅仅依靠RPA。当然，这种业务改革不只是改进计算机操作，对人所负责的业务也会进行改革。

虽然业务改革派的方式可以产生相对较大的效果，但业务可视化和设计新的业务流程也要花费一定的时间。

●RPA派（分工派）

最开始只有“替换派”和“业务改革派”，“RPA派（分工派）”是根据PoC的结果，结合RPA的使用情况，人与RPA进行分工与合作的一种方式。

比如，每天需要输入100份文件，用RPA输入了97～98份之后，还剩下2～3份未输入或存在错误，再由人来确认处理结果和处理日志，并输入剩下的部分。

采用这种方式的优点在于，能够在比之前更短的时间内达到更高的准确性。这是人与机器的“分工与合作”。

在引进RPA时，这种灵活的处理方式是非常重要的。

笔者最初属于“业务改革派”，当得知“RPA派（分工派）”的做法后，深表赞同。原因是这种做法可以结合RPA的操作情况，灵活改变处理方式。在改进工作方式的同时，也改善了业务。

9.4 PoC

9.4.1 PoC的两种形式

在引进RPA的过程中必须实施PoC。

PoC有两种形式。

一种形式是对个人的电脑操作进行验证，并且至少对一个人或一台个人计算机进行验证。

另一种形式不是针对个人操作，而是对整个业务流程进行验证。

在实施PoC时，最好选择后一种形式，即对整个业务流程进行验证。然而，在实际操作中往往只针对某一部分业务流程进行验证。

9.4.2 PoC的实施方法

大体上实施PoC只有一个流程，但取决于要引进RPA的业务规模和范围，这个流程也可能会有所变化。

如果对象区域已经确定，可以立即实施PoC。如果没有确定，则必须从决定对象区域的业务开始入手。在这种情况下，相关各方必须对“在哪个业务的哪个地方实施PoC”进行信息共享（图9.7）。

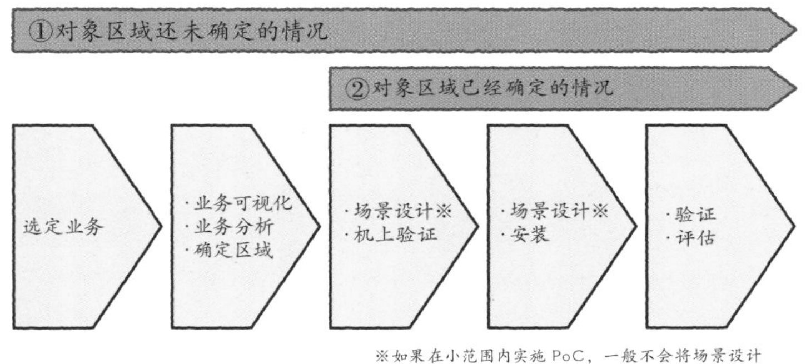

图9.7　PoC的实施方法

如果尚未确定对象区域，则需要进行业务选定、可视化·分析和确定对象区域，如图9.7所示。

9.4.3 PoC的目的

PoC的目的之一是验证能否使用RPA。除此之外，还有其他一些注意事项，如表9.2所示。

表9.2 PoC的注意事项

类别	项目	概要
用PoC验证的项目	替换	可以/不可以，考虑替代方案
	预期效果	高/低
	产品的适应性	该产品是否适合运用到业务中
引进·构建前的准备工作	更改业务流程	有/无
	注意事项	在个别业务中引进RPA的模式
		体制
		对象区域
		异常处理、错误处理、执行时间

◉ 预期效果

如果决定引进RPA，是否可以获得预期的效果呢？可以事先设定一个目标，比如提高20%的效率这样的目标，再看引进RPA后能否实现。

◉ 产品适用性

选择了合适的产品之后，也有可能在PoC期间出现其实并不适合在该业务中使用的情况。不适合引进的情况主要有与对象软件不兼容、比预期更难开发或者产品功能出现问题等。

◉ 业务流程变更

即使最初没有改变业务流程的计划，根据PoC的结果，也有可能在引进RPA之前，必须增加一些准备和确认工作等流程，如9.3专栏中的例子。

◉ 注意事项

在个别业务中引进RPA的模式，如图9.6所示。即需要在每个业务中进行引进・构建工作。

其他需要注意的项目是体制和对象区域。在9.2.4小节中已经对对象区域进行了解释。此外还需要注意异常处理、错误处理、执行时间等项目。

虽然在完成PoC之后就正式进入引进RPA的阶段，但如果人手不足或制度不完善，也有可能不能顺利开展下去。关于这一点会在9.6节中进一步进行说明。

9.5 评估·修改

在实施PoC之后，需要对总体规划进行修改的地方自然就会“浮出水面”。

设定评估·修改阶段是为了如果发现了阻碍原计划开展的问题，能够第一时间进行处理。

9.5.1 修改总体规划

根据PoC的结果，修改构成总体规划的各个项目，如引进范围和顺序、推广体制以及进度表等。

需要对效果验证、产品适用性、与原计划是否有出入、确认是否有业务流程的、确认引进时具体的注意事项、预计需要多少人手和制定引进制度等PoC的内容进行评估之后，才能对总体规划进行修改。

9.5.2 应该对总体规划进行修改

已经引进RPA的公司多多少少都会对总体规划进行一些修改。尤其是对于表9.2中列出的注意事项，如果不实施PoC，就会很难判断。

9.6 RPA工程师和RPA顾问

引进RPA是企业或单位的一项新举措。在这里，将介绍引进过程中会涉及的人手。无论是内部员工还是外部合作伙伴，所起的作用都是不可或缺的。

9.6.1 RPA工程师

假设一位操作员要用RPA替代在电脑上进行的一部分操作，这位操作员所起的作用如下：

- **项目管理；**
- **操作可视化；**
- **整理用户需求；**
- **机器人开发；**
- **机器人管理。**

负责上述工作的人就是RPA工程师。

项目管理不仅限于RPA，还必须了解机器人的开发。正如之前反复强调过的，只有在了解机器人开发之后，才能进行操作的可视化和管理。如果要用RPA替换规模较小的业务中的人工操作，一位RPA工程师是可以负责这其中的所有工作的。

9.6.2 RPA顾问

如果是全体业务或业务量变大的情况，该怎么办呢？

当多个项目在各个流程中同时运行时，一位RPA工程师很难单独完成所有工作。这种情况则需要根据专业的不同分派不同的人手。特别是对于大型项目，除了RPA工程师之外还需要其他人手。负责分派人手的就是RPA顾问，与RPA工程师各司其职。

RPA顾问与RPA工程师的具体分工如图9.8所示。

图9.8　RPA顾问与RPA工程师的具体分工

在大型项目中，RPA顾问和RPA工程师各司其职，一起促进引进工作在企业中顺利开展。

9.6.3 为了顺利交接接力棒

RPA引进项目面临的一大挑战是如何将接力棒从顾问传递给工程师。业务可视化之前的流程都是由顾问负责，之后的流程则交给工程师负责。交接过程基本如此，但有些情况下，到PoC中的系统开发流程都是由顾问负责的。

想必看到这里的读者心里应该都已经有了一个标准答案了吧。也就是说，如果RPA顾问和RPA工程师双方都能理解本书的内容，并能够随机应变，灵活处理，则在引进过程中不会出现太大的问题。

如果双方都有共同的知识背景，并相互了解对方的职责，同时最大限度地运用专业知识，那么他们就能顺利交接接力棒。这一点不管是内部员工还是外部合作伙伴都是如此。

9.6.4 人手不足的问题

在实际引进RPA的过程中，人手往往是不够的。本书已经对RPA顾问和RPA工程师的职责分别进行了说明。是选择成为一名RPA顾问还是RPA工程师，抑或是成为一名“全能型玩家”，或是成为具有负责大规模引进项目经营手段的管理型人才，RPA的大门始终向您敞开。

专栏 · COLUMN

引进工作的开展和可内部制作的范围

有的企业或单位对引进RPA的工作制定了一些规定。

如1.7.3小节所述，首先从①内部信息共享和后勤工作等简单的业务入手，其次是②公司内部的日常业务，然后是③面向客户的业务。

●RPA的扩展和内部制作

接下来分析RPA的扩展和内部制作的关系（图9.9）。纵轴是上述①至③的内容，横轴上有用户部门、用户部门+信息系统部门、用户部门+信息系统部门+外部伙伴。

也可以用小、中、大规模业务分别代替纵轴上的以业务进行区分的①～③的内容。

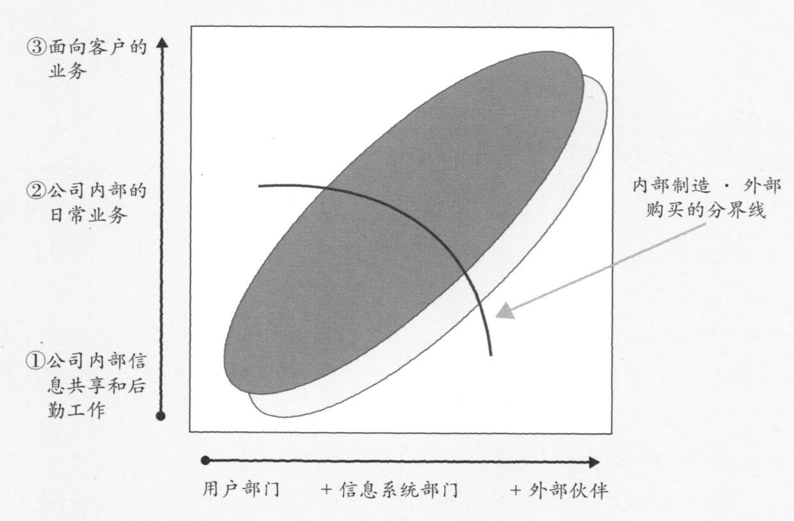

图9.9 RPA的扩展和内部制作

用户部门和①的组合通常是在用EUC开发RPA时会出现的情况。

在面向客户的业务中引进RPA时，考虑到规模和难易程度，经常需要与外部公司进行合作。

第10章

运行管理和安全

10.1 运行管理系统

10.1.1 运行管理系统与RPA之间的关系

一般会有一个专门用于监控和管理核心系统和业务系统的系统。从系统运行管理的角度来看，RPA是由运行管理系统进行管理的。

另一方面，RPA本身也管理着从属机器人的操作。第4章中介绍的BPMS和BPMS也可以对工作流程中的相关人员和RPA的运行进行管理。

图10.1揭示了运用管理系统、RPA、业务系统和BPMS之间的关系。

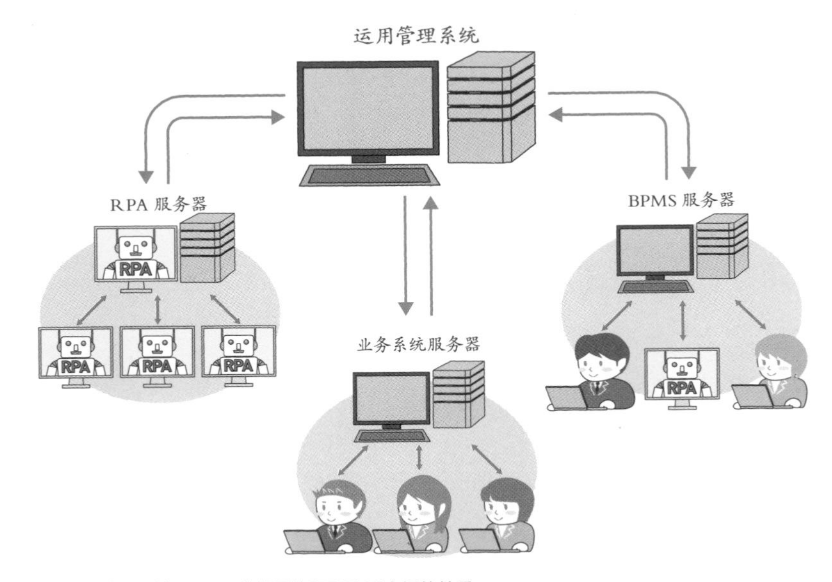

图10.1 运行管理系统、RPA、业务系统和BPMS之间的关系

运行管理系统位于顶部，监控着安装了RPA管理工具的服务器、业务系统服务器和BPMS服务器等。

RPA作为其中的一个系统，接受运行管理系统的监控与管理。

运行管理指的是对各个系统的运行情况进行监控，并对各个系统进行管理和恢复以稳定系统的运行。

在开始探讨RPA的操作管理之前，在下一小节中我们将介绍一般操作监控系统的主要作用。

10.1.2 运行监控系统

运行监控系统主要负责监控两个方面，即健康检查和资源监控。运行监控服务器对系统的运行状况进行检查和执行资源监控，监控对象是服务器和网络设备。

◉ 健康检查

健康检查指的是检查服务器和网络是否在正常运行，有时也称为"生命监测"。主要包括通过从运行监控服务器向目标设备的通信端口发送数据包来监控予以回应的网络，以及监控特定文件是否正在运行。

◉ 资源监测

资源监测指的是监控目标设备的CPU和内存的使用率。

在图10.2中，监控结果显示使用率为30%，如果使用率过高，则会发出警报。

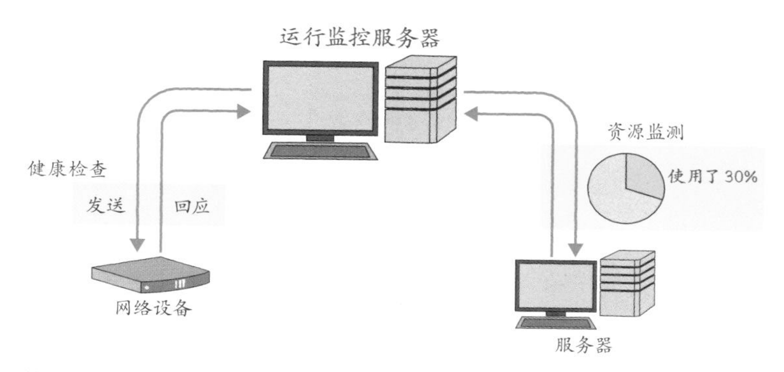

图10.2 健康检查和资源监控

10.2 RPA的运行管理

上一节进行了运行管理系统中健康检查和资源监控的介绍。

RPA的管理工具也具有类似的功能，健康检查用于检查机器人是否正在运行，资源监视用来检查处理量是否在预期范围内。

为了更容易理解，我们将由机器人扮演主角的RPA管理工具的管理对象分为机器人和人。

◉ 当管理对象是机器人时

RPA通常会管理多个机器人。对机器人进行管理时，主要有以下内容：

- **基本信息：名称和职责；**
- **运行状态：是否正在运行；**
- **进程：开始时间/结束时间；**
- **处理是否完成：处理已完成/未完成；**
- **运行的机器人数量：所有机器人和运行中机器人的数量；**
- **运行顺序：机器人之间的运行顺序；**
- **工作组：按业务或流程分组。**

◉ 当管理对象是人时

人不是机器人，是存在于RPA之外的，必须明确其不同的分工与职责（图10.3）。

- **权限管理：管理员、开发人员、用户等；**
- **组：用户分组和层次划分。**

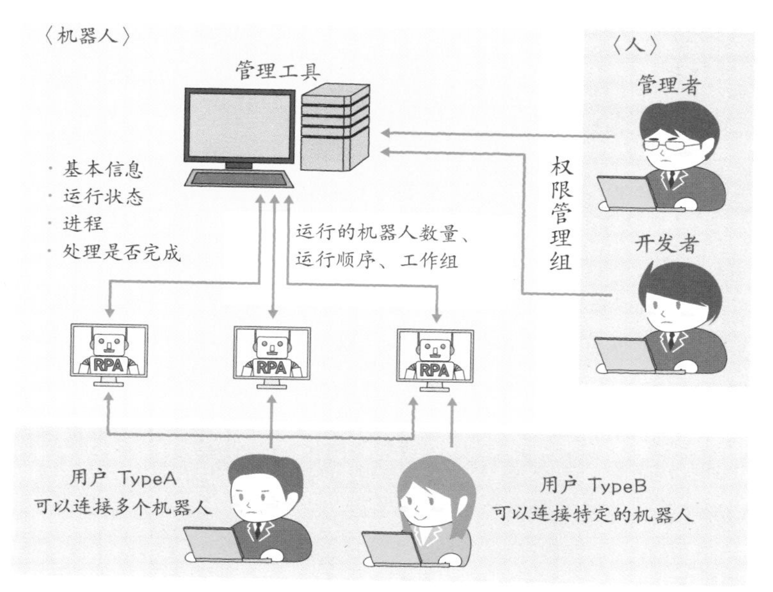

图10.3 管理工具对人和机器人进行管理

在这种情况下，有一个人专门在机器人旁边管理其权限。

与引进RPA之前相比，RPA虽然取代了原来人在集体中进行的管理，但是从另一方面来说，也进一步完善了人的管理工作。

10.3 运行管理界面示例：Kofax Kapow、Pega、WinDirector

10.3.1 Kofax Kapow的管理控制台

Kofax Kapow可以从Web浏览器的管理控制台获取各种信息。

图10.4的仪表板画面显示的是，在同一个portlet显示界面上就可以监测RoboServer memory usage（RPA服务器的内存使用情况）以及Total executed robots（正在运行的机器人数）等。

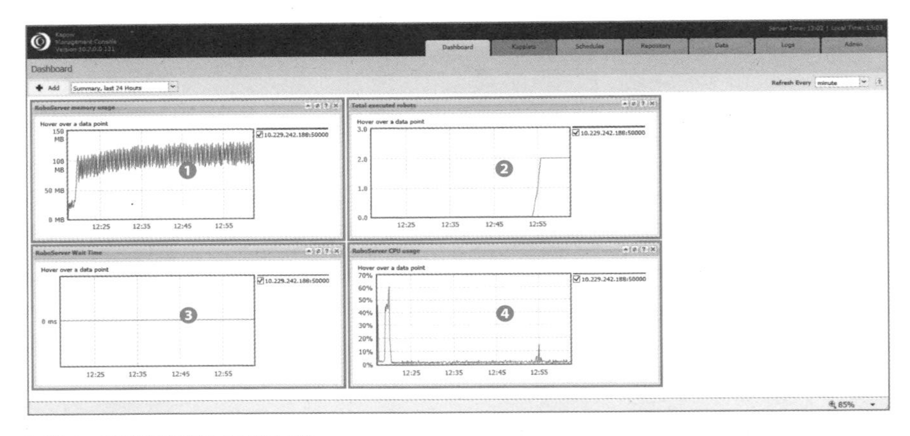

图10.4　管理控制台仪表板画面示例

例如，①显示的是RoboServer memory usage（RPA服务器的内存使用情况），②显示的是Total executed robots（正在运行的机器人数），③显示的是RoboServer Wait Time，④显示的是RoboServer CPU usage。

图10.5显示了对每个机器人的处理时间表进行管理的画面，在该画面中，每一行是一个机器人的处理时间表。

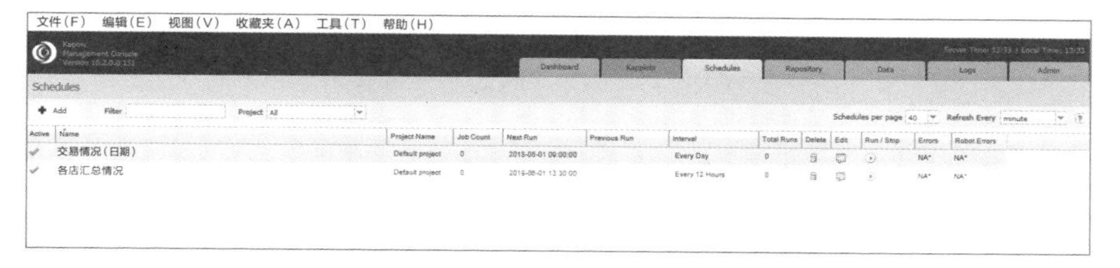

图10.5 Management Console Schedules的画面

在下一个数据屏幕上，可以看到机器人存储在数据库中的数据（图10.6）。在第一行中，可以看到商品名（NAME）为 Super S 7的产品记录。

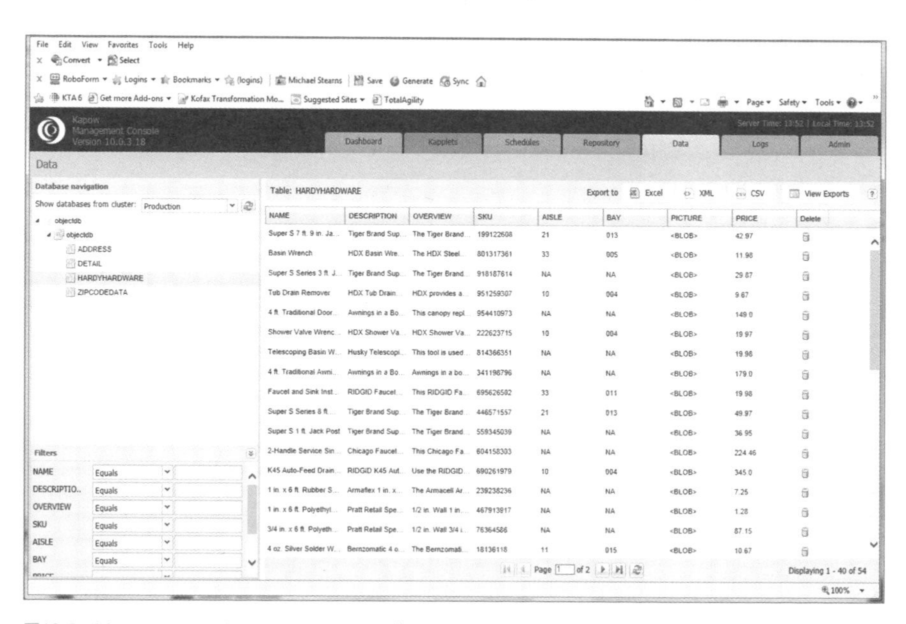

图10.6 Management Console Data View的画面

10.3.2 Pega的Robot Manager

Pega的管理工具是Robot Manager，接受BPMS的Pega7的管理。

◉ Robot Manager的机器人视图

Robot Manager的机器人视图可以在列表中检查每个机器人的运行状态，代表机器人的图标非常简单易懂（图10.7）。

不仅可以在机器人中输入数字，还可以通过添加正在进行的工作的简要信息，使工作进度清晰明了。

例如，第一行的机器人属于客户服务工作组，名为CUSTSERV03_VSASAMWAP，可以在画面上看到它当前处于活动状态。

图10.7　Pega Robot Manager的机器人视图示例

图10.8显示了各工作组的运行情况。分为上下两个部分，上半部分是Banking，下半部分是Customer Service。

随着引进工作的推进和实行分组运行，这些画面可以非常方便地显示工作组的运行情况。

PEGA Robot Manager Dashboard Workgroup Package 组织 用户 设定 检索

Package

Banking
XXXX : None
XXX

分配	Compliance	Capacity	Status
1 银行开户	良好	0/ 150	进行中
2 发行新卡	良好	0/ 100	进行中
3 修改金额	良好	0/ 150	停止

BANK03_VS... BANK04_VS... Bank02 Bank01 Bank00

Customer service
XXXX : None
XXX

分配	Compliance	Capacity	Status
1 变更住址	良好	0/ 200	进行中
2 变更邮箱	良好	0/ 500	进行中
3 变更电话号码	良好	0/ 100	进行中

CUSTSERV0... CUSTSERV0... CustServ02 CustServ01 CustServ00

图10.8 Pega Robot Manager的工作组视图画面示例

10.3.3 WinDirector机器人运行状态监测画面

图10.9显示了WinDirector机器人运行状态的监测画面。

在该画面上，可以清楚地看到12个机器人（WinActor）处于四种状态中：运行（绿色▶）、等待（蓝色■）、停止（红色▶）、异常停止（红色■）。

例如，左上角属于模拟组1的ID为0000000001的机器人正处于等待运行状态中。

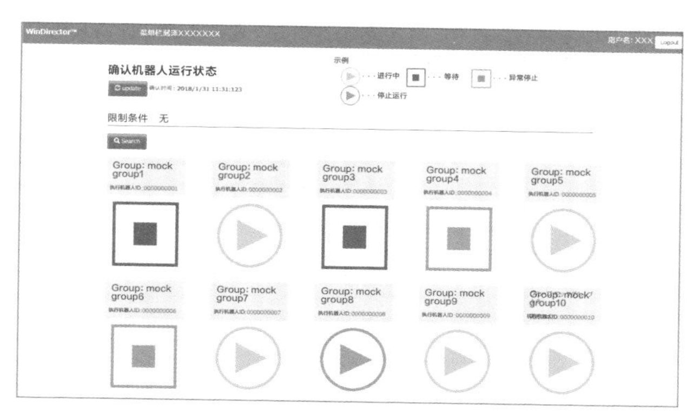

图10.9 WinDirector机器人运行状态监测画面示例

10.4 RPA独有的运行管理

10.4.1 管理工作进度

之前已经介绍过系统的运行管理。RPA除了可以作为系统或软件执行操作之外，还可以替代人工操作完成指定的工作。

系统运行管理部门和执行部门都可以随时掌握RPA完成处理的情况，但是只有执行部门才能够掌握RPA处理的具体工作内容。因此，最好由管理业务流程的执行部门来管理工作进度。

这样一来，如果机器人负责与人相同的工作，则需要在已安装RPA的执行部门中设置RPA管理员。

目前，能由RPA单独完成的工作并不多，因此可以由负责整个业务的管理员兼任RPA管理员。但是随着今后RPA的使用范围越来越广，最好还是设置专门的RPA管理员。

10.4.2 RPA登录业务系统的ID

RPA经常需要登录业务系统并执行处理，那么登录ID和密码是什么呢?

目前，RPA登录业务系统的ID设置有三种方式：

① 给每个机器人设置专门的ID和密码；

② 给一组机器人设置同样的ID和密码；

③ 使用人的ID和密码。

其中，①是最常用的方式。如果机器人数量很少或者机器人的工作是流动的，则可以采用②或③的方式。

专栏 · COLUMN

使用RPA监控运行状态

RPA还可用于监控系统的运行状态，以下为RPA用于监控系统运行状态的例子。

●监控系统运行状态示例

在系统运行状态监控中，需要定期执行健康检查和资源监控。如果是在运行监控系统中被定期监控的系统，则对其进行自动化监控。

但是对于新系统和需要频繁进行修改和添加程序的系统，则需要对其进行人工监控。

负责系统监控的专业人员也希望将RPA运用到监控系统中，因此也有将这样的健康检查和资源监控委派给RPA的实际例子。

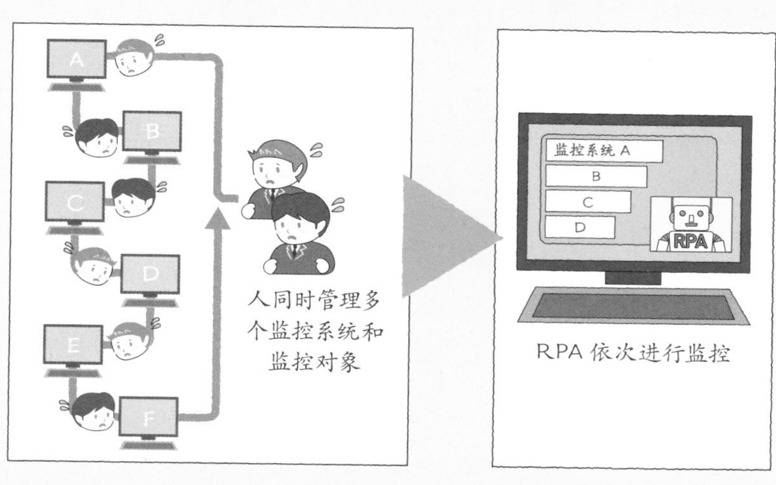

图10.10　RPA操控监控系统

图10.10显示了人和机器在查看多个电脑屏幕的同时，对监控系统和监控对象进行定期检查的示例，而机器人的效率要高得多。

可以看到监控系统和监控对象的操作与RPA是兼容的，因此用RPA进行监控是最佳选择。

●Web运行监控示例

对Web服务进行监控时，除了系统运行状况监控和资源监控之外，还需要监视重要Web页面是否正常运行。例如，监视报价页面是否正常或订购系统是否正常运行。

由于Web的服务器、URL和网页内容经常被更改，因此有很多公司设立专门的监管人员对Web的运行状况进行监控。尤其是一些近几年急速发展的Web服务公司，投入了大量人力对非法入侵等进行监视。

因为无法接收客户的订单、网页无法显示产品图像或者页面内容被恶意篡改等，这些情况都会对销售产生重大影响，因此只能采用“人海战术”——投入大量的人力资源用于监控Web的运行状况。

笔者曾经亲眼见过某知名网站的管理员对Web网页的运行状况进行定期检查的情形，工作量非常大且十分辛苦。

监视页面是否正确显示、是否正常运行，并不是很难的定义。因此，在不久的将来RPA一定能在这方面发挥积极的作用。

RPA完全可以胜任监控系统运行状况和Web服务的任务，今后RPA会越来越多地用于这样的监控任务中。

10.5 RPA的安全

10.5.1 物理配置中的安全隐患

RPA系统由服务器和客户端组成（图10.11）。

那么，服务器以及客户端上的应用程序和数据到底存在哪些安全隐患呢？

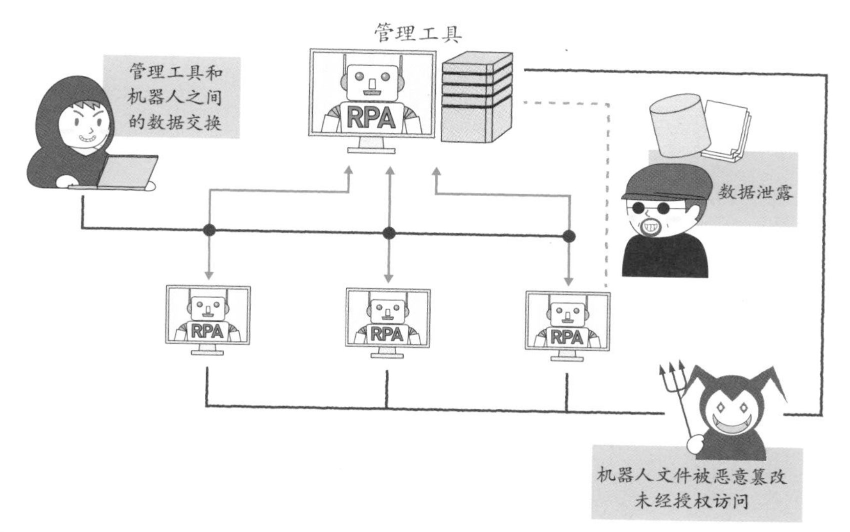

图10.11　物理配置上的安全隐患

本节将重点介绍RPA软件中存在的安全隐患，当然也有来自服务器、网络设备和客户端等硬件的安全隐患。

10.5.2 具体的安全隐患

以下是RPA软件中存在的主要安全威胁：

- **恶意篡改机器人文件；**
- **未经授权访问机器人文件；**

- 数据泄露；
- 管理工具和机器人文件之间的数据交换。

◉ 恶意篡改机器人文件

在第6章中介绍了机器人的开发，这是由开发人员在定义处理时进行的修改。如果日常操作或定期操作被恶意篡改，将会造成巨大的损失。

◉ 未经授权访问机器人文件

除了篡改之外，如果未经授权访问机器人文件，可能会出现机器人文件不能按既定流程正常执行操作的情况，也有可能有未知机器人的出现。

◉ 数据泄露

机器人在执行操作时，会获取并保留外部数据，但此类数据容易被泄露。例如，当从一个系统将客户信息复制到另一个系统时，目标数据会被保留在文件夹或数据库中。一旦有人未经授权访问这些文件夹或数据库，很容易发生数据泄露事故。

此外，也不排除被人用肉眼盗取这些机密数据的情况。

◉ 管理工具和机器人文件之间的数据交换

管理工具和每个机器人之间的数据交换也有可能发生泄露事故。

10.5.3 安全措施

每个产品有不同的安全措施，表10.1总结了针对RPA个别安全隐患的一些对策。

表10.1　安全隐患及相应对策示例

安全隐患	安全措施示例
恶意篡改机器人文件	对机器人文件加密
未经授权访问机器人文件	·精细化权限管理 ·监控客户端操作
数据泄露	·对获取的外部数据加密 ·遮蔽显示出来的数据
管理工具和机器人文件之间的数据交换	机器人文件和管理工具之间的通信数据使用SSL（Secure Sockets Layer）加密，并且进行用户认证，设置登录ID和密码

今后，安全对策将会占据越来越重要的地位。除上述措施之外，RPA还采取了其他安全措施。

随着RPA引进工作的开展，机器人文件本身的数量在增加的同时，处理的数据量也在增加。在管理大量机器人和数据时，各企业或单位必须采取相应的安全策略，这一点至关重要。

10.6 安全管理界面示例：WinDirector和Blue Prism

接下来将以WinDirector和Blue Prism界面为例，介绍安全管理界面的示例。

10.6.1 WinDirector权限管理界面示例

在WinDirector中，可以在用户列表上确认用户注册的情况（图10.12）。

在用户列表中可以显示之前该用户是否已经注册过，以及用户名、密码、权限、有效期限等。权限类型包括完全访问权限、场景+工作注册权限和作业注册权限。

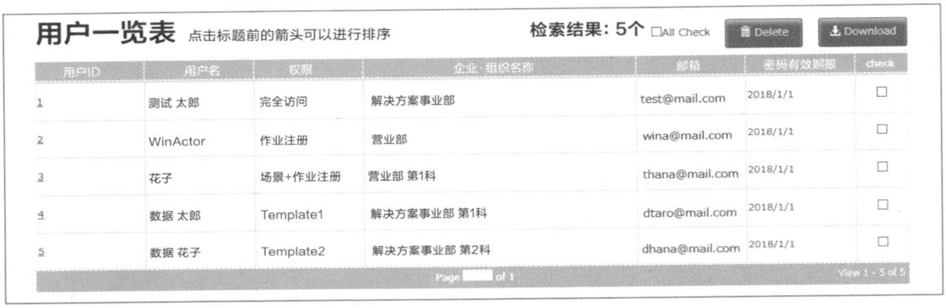

用户一览表 点击标题前的箭头可以进行排序　　检索结果：5个 □All Check　Delete　Download

用户ID	用户名	权限	企业·组织名称	邮箱	密码有效期限	check
1	测试 太郎	完全访问	解决方案事业部	test@mail.com	2018/1/1	□
2	WinActor	作业注册	营业部	wina@mail.com	2018/1/1	□
3	花子	场景+作业注册	营业部 第1科	thana@mail.com	2018/1/1	□
4	数据 太郎	Template1	解决方案事业部 第1科	dtaro@mail.com	2018/1/1	□
5	数据 花子	Template2	解决方案事业部 第2科	dhana@mail.com	2018/1/1	□

Page 　 of 1　　View 1 - 5 of 5

图10.12　WinDirector权限管理界面示例

完全访问权限是指可以使用WinDirector的所有功能。

场景+作业注册权限指的是，可以注册作业，也可以注册和删除创建的场景（作业：在WinDirector上注册的场景或场景组；场景：在WinActor中创建的机器人操作流）。

作业注册权限仅限于注册、更新、删除作业。

图10.12中用户列表第一行的测试太郎具有完全访问权限。

用户列表第4行中的用户有模板1的权限，该用户可以根据需要自由定义权限。

10.6.2 Blue Prism权限管理界面示例

Blue Prism权限管理界面可以按照RPA相关负责人的不同职责设置管理权限（图10.13）。界面顶部中心位置显示的是职责，有Alert Subscriber、Developer、Process Administrator、Runtime Resource、Schedule Manager、System Administrator、Tester7种。

图10.13显示的是选择有Developer访问权限的Permissions界面。在默认情况下，共有七种职责，也可以根据需要添加新职责。

除了图10.13列出的权限外，还可以设置更多权限。

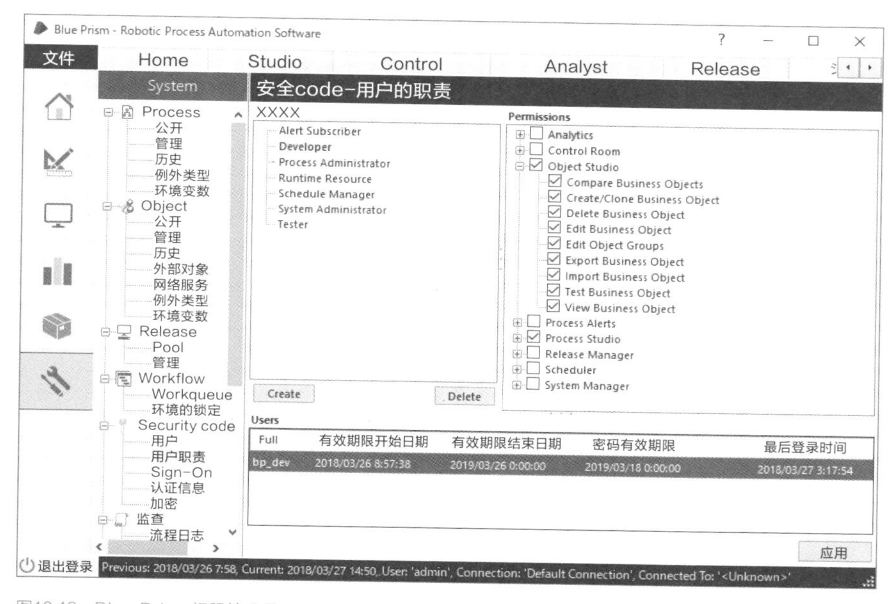

图10.13 Blue Prism权限管理界面示例

10.6.3 Blue Prism数据加密界面示例

图10.14是定义数据加密方案的界面示例。

该界面中间的对话框用于对存储在数据库中的数据进行加密。在对话框底部的默认加密方法中输入AES-256bit。

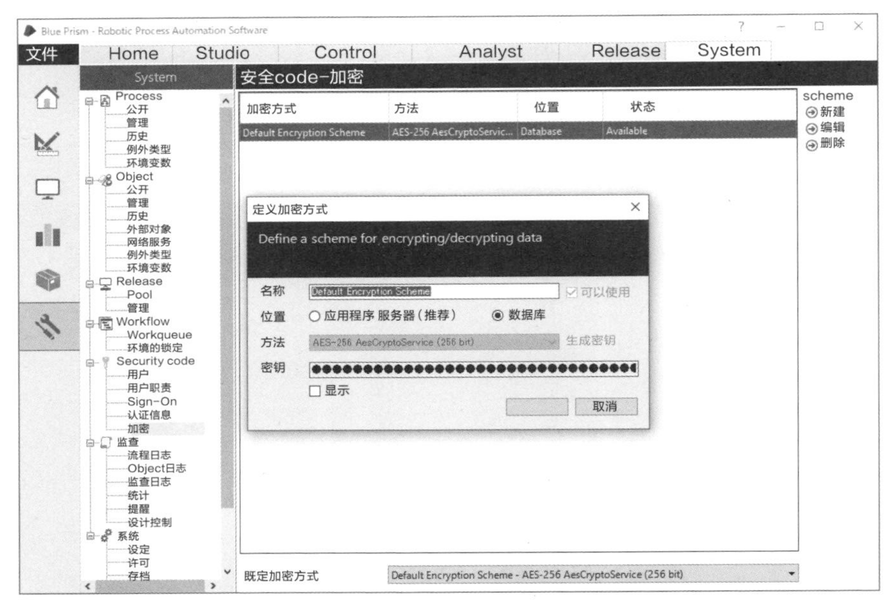

图10.14 定义数据加密方案的界面示例

后记

本书以RPA的机制和运用为中心进行了详细介绍。最后，将从业务自动化的角度进行总结。

众所周知，各企业和单位正在大力引进RPA。引进RPA的过程通常是从用RPA取代人工操作开始，然后扩展到整个业务流程，最后与其他技术结合达到优化配置并实现业务自动化。

关于业务自动化，第4章介绍了AI、OCR、BPMS和宏等技术。RPA在自动化技术中处于重要地位，但并不是“唯一的技术”，它只是“候选人”之一。

当然，实现业务自动化的手段多种多样，比如与其他技术紧密结合，可以在RPA中运用其他技术，也可以将RPA融入到其他技术中。

除了本书中介绍的几种技术之外，还有其他可以与RPA结合使用的技术，如各种传感器、物联网相关设备以及语音・图像・移动的识别技术等。

希望大家能够深入思考如何充分利用RPA，以达到像最先进的工厂那样完全实现自动化这一最终目标。

最后郑重鸣谢为本书的编撰作出极大贡献的前田浩志先生、大石晴夫先生、佐藤正美女士、鞆谷幹先生、浦田正博先生以及株式会社NTT数据 第二公共事业本部 第四公共事业部RPA解决方案负责人、Pega Japan株式会社和Blue Prism。此外，从本书的策划到出版都得到了翔泳社编辑部大力支持。

再次对以上各方表示由衷的谢意。

我们的最终目标是实现自动化操作，而RPA正是可以实现此目的的领先技术之一。希望这本书可以为实现这一目标献出绵薄之力。

2018年8月　西村　泰洋